劳动预备制教材
职业培训教材

应用数学

（第三版）

人力资源和社会保障部教材办公室组织编写

中国劳动社会保障出版社

图书在版编目（CIP）数据

应用数学 / 刘卫蓉主编. -- 3版. -- 北京：中国劳动社会保障出版社，2017

劳动预备制教材　职业培训教材

ISBN 978-7-5167-3274-8

Ⅰ.①应…　Ⅱ.①刘…　Ⅲ.①应用数学–教材　Ⅳ.①O29

中国版本图书馆CIP数据核字（2017）第301089号

中国劳动社会保障出版社出版发行

（北京市惠新东街1号　邮政编码：100029）

*

北京谊兴印刷有限公司印刷装订　新华书店经销

787毫米×1092毫米　16开本　8.25印张　146千字

2017年12月第3版　　2021年8月第5次印刷

定价：**19.00元**

读者服务部电话：（010）64929211/84209101/64921644

营销中心电话：（010）64962347

出版社网址：http://www.class.com.cn

版权专有　　侵权必究

如有印装差错，请与本社联系调换：（010）81211666

我社将与版权执法机关配合，大力打击盗印、销售和使用盗版图书活动，敬请广大读者协助举报，经查实将给予举报者奖励。

举报电话：（010）64954652

再版说明

全国劳动预备制培训教材公共课（试用）自1997年问世以来历时20年。在这20年中，这套教材最初在劳动预备制试点城市试用，后来推向全国，在使用过程中受到用书单位的好评，在推动劳动预备制培训和职业技能培训工作中发挥了积极的作用。

20年来，劳动预备制度有了很大的发展。2007年8月全国人大常委会审议通过的《中华人民共和国就业促进法》，明确规定国家采取措施建立劳动预备制度，以法律形式将劳动预备制度确定下来。随着劳动预备制培训工作的逐步推进，作为教育培训重要基础的教材建设也有了长足的进步。目前，全国劳动预备制教材已形成包括10门公共课程和近百种专业技能课程的较为完整的体系。为了进一步完善教材内容，我们从2010年起对10本公共课教材进行再次修订。

《应用数学（第三版）》是为适应劳动预备制培训要求所做的再次修订。主要做了如下工作：一是结合实际培训需要，对全书内容进行了整合，对全书结构进行了重构，重新编写了部分内容；二是删除了偏深、偏繁的内容，增加了有启发性提示作用的栏目，增强了学习的互动性。

主要内容包括：方程、不等式、集合与函数、三角函数及其应用、直线和圆的方程、数列、简易逻辑，并附长度计量单位及图形面积公式等。

本书由刘卫蓉主编，曹锦珍审稿。

人力资源和社会保障部教材办公室

目录

第一章　方程、不等式 / 1

　　第一讲　一元一次方程和一元一次不等式 / 2
　　第二讲　一元二次方程和简单的二元一次方程组 / 6
　　　　一、一元二次方程 / 6
　　　　二、简单的二元一次方程组 / 11

第二章　集合与函数 / 14

　　第一讲　集合 / 15
　　　　一、集合的概念 / 15
　　　　二、集合的运算 / 19
　　第二讲　函数 / 24
　　　　一、函数的概念 / 24
　　　　二、函数的基本性质 / 29

第三章　三角函数及其应用 / 35

　　第一讲　角的概念的推广和弧度制 / 36
　　　　一、角的概念的推广 / 36
　　　　二、弧度制 / 40
　　第二讲　任意角三角函数 / 44
　　　　一、任意角三角函数的定义及符号 / 44
　　　　二、同角三角函数的基本关系 / 51
　　　　三、正弦函数 $y=\sin x$ 的图像和性质 / 55

第三讲　解三角形 / 60
　　一、解直角三角形 / 60
　　二、解任意三角形 / 64

第四章　直线和圆的方程 / 71

第一讲　直线的方程 / 72
　　一、直线的倾斜角、斜率 / 72
　　二、直线方程的几种形式 / 76
　　三、两条直线的交点 / 82
第二讲　圆的标准方程 / 86

第五章　数列 / 90

第一讲　数列的概念 / 91
第二讲　等差数列和等比数列 / 95
　　一、等差数列的通项公式及前 n 项和公式 / 96
　　二、等比数列的通项公式及前 n 项和公式 / 100

第六章　简易逻辑 / 105

第一讲　命题和逻辑联结词 / 106
　　一、命题 / 107
　　二、逻辑联结词 / 107
第二讲　命题之间的关系 / 110
　　一、四种命题的关系 / 110
　　二、充分条件、必要条件和充要条件 / 114

附录1：参考答案 / 118

附录2：常见单位换算及公式 / 123

第一章　方程、不等式

　　日常生活中，桥梁可以衔接两岸道路，让行人、汽车顺利到达目的地。同样，在数学的学习中，方程是衔接新旧知识的桥梁，在解决相关专业问题时，方程和不等式是不可或缺的工具。

第一讲 一元一次方程和一元一次不等式

实例导入

图1—1

我们一起来做一个游戏：准备一份日历，你随意圈出日历中某个月一个竖列上相邻的三个日期，只要告诉我它们的和是多少，我就能马上得出这三天分别是几号。你想知道这是为什么吗？学习了方程的知识，这个问题就解决了。

知识学习

观察如下式子：

$3x=0$ （1）

$3x>0$ （2）

$x-1=0$ （3）

$x-1<0$ （4）

$1-\dfrac{1}{2}x=3-\dfrac{1}{6}x$ （5）

$1-\dfrac{1}{2}x \geq 3-\dfrac{1}{6}x$ （6）

我们发现，（1）（3）（5）式都是含有未知数的等式，我们把这些含有未知数的等式叫作**方程**。我们注意到，这些方程只含有一个未知数，并且未知数的次数是1。我们把只含有一个未知数，并且未知数的最高次数是1的整式方程，叫作**一元一次方程**。

能使方程左右两边的值相等的未知数的值叫作这个**方程的解（根）**。

一元一次方程的一般形式是：$ax+b=0$（$a \neq 0$）。

再观察（2）（4）（6）式，它们都用不等号将两边的数或式联结了起来，我们将具有这种特点的式子叫作**不等式**。同时，将只含有一个未知数，且未知数的次数是一次的不等式，叫作**一元一次不等式**。使不等式成立的未知数的值叫作该**不等式的解（集）**。

 相关链接

解一元一次方程的依据

（1）等式两边同时加上或减去同一个代数式，所得结果仍是等式（即：$a=b \Rightarrow a+c=b+c$）。

（2）等式两边同时乘以同一个数或除以同一个不为0的数，所得结果仍是等式（即：$a=b \Rightarrow ac=bc$ 或 $a/c=b/c$，$c \neq 0$）。

解一元一次不等式的依据

（1）不等式两边同时加上或减去同一个代数式，不等号方向不变（即：$a>b \Rightarrow a+c>b+c$）。

> **提示**
>
> 像 $1+2(x-1)$, $a+b$, ab, $\dfrac{n}{m}$, a 等式子都是代数式。单独一个数或一个字母也是代数式。

(2) 不等式两边同时乘以或除以同一个正数，不等号方向不变（即：a>b ⇒ ac>bc 或 a/c>b/c，c>0）。

(3) 不等式两边同时乘以或除以同一个负数，所得结果与原不等号反向才能成立（即：a>b ⇒ ac<bc 或 a/c<b/c，c<0）。

> **提示**
> 解一元一次方程的一般步骤有：去分母、去括号、移项、合并同类项、把未知数的系数化为1，最终得一元一次方程解的形式为 $x=a$（a 为常数）。

【例1】 解一元一次方程 $1-\dfrac{1}{2}x=3-\dfrac{1}{6}x$。

解： 原方程两边同时乘以6，去分母，

得　$6-3x=18-x$，

移项，得　$x-3x=18-6$，

合并同类项，得　$-2x=12$，

把未知数的系数化为1，得　$x=-6$。

【例2】 解一元一次不等式 $2(x+1)+\dfrac{x-2}{3}>\dfrac{7x}{2}-1$。

解： 原不等式两边同时乘以6，去分母，

得　$12(x+1)+2(x-2)>21x-6$，

去括号，合并同类项，

得　$14x+8>21x-6$，

移项、整理，

得　$-7x>-14$，

两边同除以 -7，

得　$x<2$。

所以，原不等式的解集为 $x<2$。

> **想一想**
> 解一元一次不等式与解一元一次方程类似，只是，当不等式的两边需同时乘以（或除以）一个负数时，原不等号一定要作怎样的改变呢？
> （原不等号方向要改变）

 **实例解答**

【例3】 小明在2016年12月的日历中，圈出了一个竖列上相邻的三个数，数字之和是60。不翻开日历，请你算一算，这三天分别是几号？

解： 设最小的数为 x，则其余两个数分别是 $x+7$、$x+14$。根据题意，得　$x+x+7+x+14=60$

$$3x=39$$
$$x=13$$

因此，这三天分别是 13 号、20 号、27 号。

 **拓展学习**

1. 在例 3 中，设未知数还有其他方法吗？如果设中间的一个数为 x，那么其他两个数怎样表示？
2. 如果小明说出的和是 90，你认为可能吗？为什么？
3. 如果小明说出的和是 21，你认为可能吗？为什么？

 **思考与体验**

1. 如果 $x=1$ 是方程 $ax^2+3x=2$ 的解，那么 a 的值是（　　）。
   A. 1　　　　　　　　　B. 5
   C. -1　　　　　　　　 D. -5
2. 不等式 $x+4<4x-5$ 的解集是_____。
3. 不等式 $3x-4>2x-3$ 的解集是_____。
4. 我们将第 2、3 题的不等式用大括号联立起来就得到不等式组：

$$\begin{cases} x+4<4x-5 & （1）\\ 3x-4>2x-3 & （2） \end{cases}$$

如何求不等式组的解集呢？

首先分别求出它们各自的解集，即由（1）（2）得 $\begin{cases} x>3 \\ x>1 \end{cases}$，然后通过画数轴就能直观地找到它们的公共解集了，大家都来试一试！

第二讲　一元二次方程和简单的二元一次方程组

一、一元二次方程

 实例导入

图 1—2

一天，一位盲人拿着竹竿进屋，横拿竖拿都进不去。横着比门框宽 4 尺，竖着比门框长 2 尺。一位老农过来帮他沿着门的两个对角斜着拿竿，不多不少刚好进去了。你知道竹竿有多长吗？

 知识学习

看看这些方程：

$\frac{1}{3}x^2-x=0$　　　　　　　　　　（1）

$(x-6)(x-2)=1$　　　　　　　　（2）

$2x^2-4=-7x$　　　　　　　　　（3）

它们都有什么特点？我们发现，（1）（2）（3）式都是含有一个未知数，并且未知数的最高次数是2的整式方程，我们把这样的方程叫作**一元二次方程**。

任何一个一元二次方程都可以化成 $ax^2+bx+c=0$ 的形式，因此，人们把形如 $ax^2+bx+c=0$（a，b，c 为常数，$a\neq 0$）的方程，称为一元二次方程的一般形式。

下面一起来学习解一元二次方程的常用方法。

1. 直接开平方法

直接开平方法适用于形如：

$x^2=a$（$a\geq 0$）或 $a(x+b)^2=c$（$ac>0$）的方程。

【例1】 解方程 $4(x+1)^2=9$。

解： 将原方程转化成 $(x+1)^2=\dfrac{9}{4}$，

直接开平方，得 $x+1=\pm\dfrac{3}{2}$，所以，$x_1=\dfrac{1}{2}$，$x_2=-\dfrac{5}{2}$。

2. 配方法

通过配成完全平方式的方法得到一元二次方程的根，这种解一元二次方程的方法称为**配方法**。利用配方法解一元二次方程，其基本思路是将方程转化成 $(x+m)^2=n$ 的形式，当 $n\geq 0$ 时，应用开平方法便可求得它的根。

> **提示**
> 形如 $(m+n)^2$、$(x+y+z)^2$ 等都是完全平方式。

【例2】 解方程 $x^2+8x-20=0$。

解： 把常数项移到方程的右边，

得　$x^2+8x=20$，

方程两边都加上 4^2（一次项系数8的一半的平方），

得　$x^2+8x+4^2=20+4^2$，

即　$(x+4)^2=36$，

开平方，得　$x+4=\pm 6$，

即　$x+4=6$ 或 $x+4=-6$，

> **？想一想**
> 利用配方法解方程，最关键的一个步骤是，方程两边都加上什么？
> （一次项系数一半的平方）

所以，$x_1=2$，$x_2=-10$。

3. 公式法

利用求根公式解一元二次方程的方法称为**公式法**。

一元二次方程 $ax^2+bx+c=0$（$a\neq 0$）的求根公式是：

$$x=\frac{-b\pm\sqrt{b^2-4ac}}{2a}\quad(b^2-4ac\geq 0)。$$

【例3】 解方程 $2x^2+7x=4$。

解：移项，得 $2x^2+7x-4=0$，

因为 $a=2$，$b=7$，$c=-4$。

$b^2-4ac=7^2-4\times 2\times(-4)=81>0$，

代入公式得 $x=\dfrac{-7\pm\sqrt{81}}{2\times 2}=\dfrac{-7\pm 9}{4}$，

所以，$x_1=\dfrac{1}{2}$，$x_2=-4$。

4. 因式分解法

因式分解法就是把一个一元二次方程转化为两个一元一次方程，求出这两个一元一次方程的解，它们就是原一元二次方程的解。

【例4】 解方程 $4x(x-1)=5(x-1)$。

解：移项，得 $4x(x-1)-5(x-1)=0$，

因式分解，得 $(x-1)(4x-5)=0$，

所以，$x-1=0$ 或 $4x-5=0$，

所以，$x_1=1$，$x_2=\dfrac{5}{4}$。

> **提示**
>
> 像 $\dfrac{2}{5}a^2$，xy 等都是数与字母的乘积，这样的代数式叫作**单项式**；几个单项式的和叫作**多项式**，例如 $a-\dfrac{\pi}{3}b\cdots$①，$\dfrac{1}{2}xy-x+3\cdots$②等，多项式①②分别是二项式和三项式。在一个多项式中，次数最高的项的次数代表这个多项式的次数。例如，二项式①的次数是1，即可称①式为一次二项式，三项式②的项的最高次数是2，则可称②式为二次三项式。

相关链接

利用十字相乘法解一元二次方程

当一个一元二次方程的一边是二次三项式，使用因式分解法解此类型的方程时，往往可用十字（交叉）相乘法。下面介绍用十字相乘法解一元二次方程 $2x^2+x-15=0$。

先用十字相乘法把二次三项式 $2x^2+x-15$ 进行因式分解，即将二

次项系数 2 分解成两个因数，同时将常数项 –15 也分解成两个因数，并不断尝试着变换常数项一列的两个因数（观察下面式子），直到交叉相乘所得的两个积的和恰好等于一次项 x 为止：

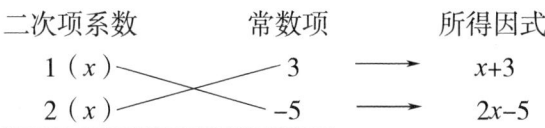

交叉相乘所得积的和 $-5x+6x=x$，
所以，$2x^2+x-15=(x+3)(2x-5)$，
因此原方程可化为 $(x+3)(2x-5)=0$，
所以方程的解是 $x_1=-3$，$x_2=\dfrac{5}{2}$。

> **提示**
> 利用十字相乘法分解因式可归纳为：拆两边，凑中间，所求因式横向找。

> **提示**
> 勾股定理：如果直角三角形两直角边分别为 a、b，斜边为 c，那么 $a^2+b^2=c^2$。

 **实例解答**

【例5】 解决"实例导入"中提出的问题。

解：设竹竿长为 x，依题意得：
$$(x-4)^2+(x-2)^2=x^2,$$
化简，得 $x^2-12x+20=0$，
因式分解，得 $(x-10)(x-2)=0$，
所以方程的解是 $x_1=10$，$x_2=2$（舍去）。
答：竹竿的长为 10 尺。

 **拓展学习**

在男生宿舍旁边有一块长方形空地，长 20 米，宽 15 米，准备用于建造花坛。如果要求花坛所占面积为空地面积的一半，你能给出设计方案吗？

下面分别是陈强、李明、张敏的设计方案。还有没有更好的方案呢？

> **提示**
>
> 如图1—3所示，设花坛中央纵、横长度均为 x，依据矩形面积公式列出方程解之。
>
> 解析如下：设花坛的十字交叉处纵、横长度均为 x，依题意得：
>
> $4\times\dfrac{(20-x)}{2}\times\dfrac{(15-x)}{2}=\dfrac{1}{2}\times 20\times 15$
>
> 解得 $x_1=5$，$x_2=30$（舍），可知小矩形长为7.5米、宽为5米。

陈强的设计方案如图1—3所示，其中长方形四个角落是四个大小一样的小矩形，且中央十字交叉处纵横长度相等。你能帮忙算算小矩形的长宽是多少吗？

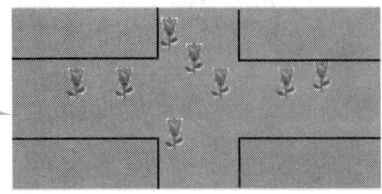

图1—3

李明的设计方案如图1—4所示，其中花坛距空地四周的宽度都相等。你能帮忙算算花坛的长宽是多少吗？

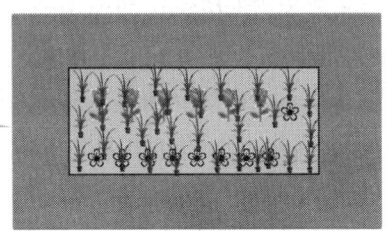

图1—4

张敏的设计方案如图1—5所示，其中花坛四周边长都相等。你能帮忙算算花坛的边长是多少吗？

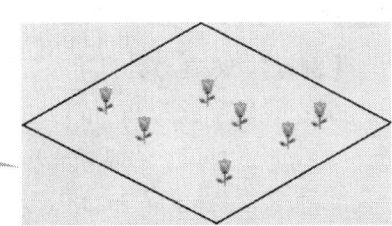

图1—5

 **思考与体验**

1. 用因式分解法把方程 $(x-5)(x+1)=7$ 分解成两个一次方程，正确的是（　　）。

　　A. $x-5=1$，$x+1=7$

　　B. $x-5=7$，$x+1=1$

　　C. $x+6=0$，$x-2=0$

　　D. $x-6=0$，$x+2=0$

2. 一元二次方程 $4x^2-36=0$ 的解是_____。

3. 解方程 $3x^2+x-10=0$。

二、简单的二元一次方程组

 实例导入

某技师学院两校区之间相距 18 千米。在一次步行训练中,李小明和李大明分别从两个校区同时出发,相向而行,$\frac{9}{5}$ 小时后相遇。如果李大明比李小明晚出发 $\frac{2}{3}$ 小时,那么李大明出发 $\frac{2}{3}$ 小时后,两人相遇,你知道李大明和李小明谁走得快吗?

 知识学习

看看下面式子:

$$\begin{cases} y=7 \\ 3x-y-1=0 \end{cases} \quad (1)$$

$$\begin{cases} x=y-2 \\ 4x-\dfrac{y}{3}=5 \end{cases} \quad (2)$$

$$\begin{cases} 4(m+2)=1-5n \\ 3(n+2)=3-2m \end{cases} \quad (3)$$

它们和方程有什么联系?观察发现,(1)(2)(3)式都是由两个一次方程组成的。我们把由两个或两个以上方程组成的一组方程,叫作**方程组**。

一般地,把具有两个未知数,并且未知数的最高次数是 1 的方程组,叫作**二元一次方程组**,如(1)(2)(3)。

二元一次方程组的两个方程的公共解,叫作这个**二元一次方程组的解**。

【例1】 解方程组

$$\begin{cases} 2x-y+8=0 & ① \\ 3x+2y=9 & ② \end{cases}$$

> **提示**
> 解二元一次方程组的基本思路是"消元"。常见的方法有代入消元法和加减消元法。

解：方法一：代入消元法

由①得 $y=2x+8$ ③

将③代入②得 $3x+2(2x+8)=9$

解得 $x=-1$；

把 $x=-1$ 代入③得 $y=2\times(-1)+8$，$y=6$。

所以，方程组的解是 $\begin{cases} x=-1 \\ y=6 \end{cases}$。

方法二：加减消元法

①×3，得 $6x-3y=-24$ ④

②×2，得 $6x+4y=18$ ⑤

④-⑤，得 $-7y=-42$，$y=6$；

把 $y=6$ 代入①得 $x=-1$。

所以，方程组的解是 $\begin{cases} x=-1 \\ y=6 \end{cases}$。

> **？想一想**
> 当方程组中含有未知数系数的绝对值是1的项时，你首先选用哪一种消元法？
> （可考虑代入消元法）

实例解答

【例2】 解决"实例导入"中提出的问题。

解：设李小明的速度为 x 千米/小时，李大明的速度为 y 千米/小时，依题意得

$$\begin{cases} \dfrac{9}{5}(x+y)=18 & \text{①} \\ x\left(\dfrac{2}{3}+\dfrac{3}{2}\right)+\dfrac{3}{2}y=18 & \text{②} \end{cases}$$

化简①②得 $\begin{cases} x+y=10 & ③ \\ 13x+9y=108 & ④ \end{cases}$

解得 $\begin{cases} x=\dfrac{9}{2} \\ y=\dfrac{11}{2} \end{cases}$。

答：李小明和李大明的行走速度分别是4.5千米/小时和5.5千米/小时。

 拓展学习

在解方程组 $\begin{cases} ax+y=10 \\ x+by=7 \end{cases}$ 时，由于粗心，小强看错了方程组中的 a，得到方程组的解为 $\begin{cases} x=1 \\ y=6 \end{cases}$；小芳看错了方程组中的 b，得到方程组的解为 $\begin{cases} x=-1 \\ y=12 \end{cases}$。咱们一起来帮助他们算算，小强把 a 看成了什么？小芳把 b 看成了什么？再求出原方程组的解（参考答案：$\begin{cases} x=3 \\ y=4 \end{cases}$）。

 思考与体验

1. 如果 $x=-3$，$y=2$ 满足 $ax+\dfrac{3}{4}y=\dfrac{3}{4}$ 那么，$a=$ _____。

2. 方程组 $\begin{cases} x+y=4 \\ x-2y=1 \end{cases}$ 的解是（　　）。

A. $\begin{cases} x=2 \\ y=1 \end{cases}$ B. $\begin{cases} x=3 \\ y=1 \end{cases}$ C. $\begin{cases} x=3 \\ y=11 \end{cases}$ D. $\begin{cases} x=-1 \\ y=2 \end{cases}$

3. 某同学在判断方程组 $\begin{cases} 2x+3=y \\ 2y-6=4x \end{cases}$ 的解是 $\begin{cases} x=2 \\ y=7 \end{cases}$ 正确与否时说道：将 $x=2$，$y=7$ 分别代入 $2x+3=y$ 和 $2y-6=4x$ 中，有 $7=7$，$8=8$，因此，方程组 $\begin{cases} 2x+3=y \\ 2y-6=4x \end{cases}$ 的解是 $\begin{cases} x=2 \\ y=7 \end{cases}$ 的说法是正确的。

大家来讨论，找出该同学推理错误的原因（只要动一动笔，将方程组中的两个方程适当变形再进行比较，结论就出来了）。

第二章 集合与函数

在我们的身边，有着很多可以用函数知识来分析的事儿。例如：小明在行走的过程中，速度越快，到达目的地时所用的时间就越少，反之，所用的时间就越多，那么小明行走的速度与所用时间就存在着一种函数关系。又例如：对于一棵枝繁叶茂的大树来说，如果将树叶看成一个集合，地上树叶的影子看成另一个集合，那么，这两个集合的对应关系是什么？数学中所说的集合是什么意思？集合在函数概念中扮演着什么角色？我们将在本章中学习这些知识。

第一讲　集合

一、集合的概念

 实例导入

图 2—1

1. 一年中的四个季节可以用集合概念描述吗？
2. 李明是某交通运输技师学院 16 级春季班的一名学生，你能用集合的有关符号表示李明个人与该集体的关系吗？

 知识学习

在认识集合这个概念之前，我们不妨将具有某种特定属性的对象放在一起，作为一个整体来研究，例如：

（1）某技工学校 2016 级的全体学生；

（2）某技工学校计算机教室中的全部计算机；

（3）2016 年里约奥运会所有比赛项目；

（4）自然数的全体；

（5）所有的三角形。

这里所用的"全体""全部""所有"指的就是具有某种特定属性的对象的整体。

通常把具有某种特定属性的对象所构成的整体称为**集合**，简称**集**。把构成集合的每个对象称为集合的**元素**，简称**元**。

习惯上，通常用大写字母 A，B，C…表示集合，用小写字母 a，b，c…表示集合中的元素。集合与元素有如下关系：

如果 a 是集合 A 的元素，就记作"$a \in A$"，读作"a 属于 A"；如果 a 不是集合 A 的元素，就记作"$a \notin A$"，读作"a 不属于 A"。例如，所有自然数构成的集合记作 $\mathbf{N}$，那么 $4 \in \mathbf{N}$，而 $-1 \notin \mathbf{N}$。

不含任何元素的集合叫作**空集**，记作 $\varnothing$。例如，方程 $x^2=-1$ 无实数解，即方程的实数解的集合不含任何元素，是个空集。

集合中的元素是确定的，没有排列顺序，而且相同的元素只能出现一次。

由数构成的集合称为**数集**。为了方便，一些常见的数集往往用特定的字母和符号表示，见表 2—1。

表 2—1　　　　　　　　常见的数集

数集	自然数集	正整数集	整数集	有理数集	实数集
符号	$\mathbf{N}$	$\mathbf{N}_+$	$\mathbf{Z}$	$\mathbf{Q}$	$\mathbf{R}$

> **? 想一想**
> 空集 $\varnothing$ 与集合 $\{0\}$ 相同吗？如果不同，它们的区别在哪里？

> **提示**
> $\varnothing$ 与 $\{0\}$ 是意义完全不同的两个集合。
> $\varnothing$ 是空集，它表示不包含任何元素的一个集合；而 $\{0\}$ 是单元素集，它表示由一个元素 0 组成的集合。

对于集合，常用的表示方法有列举法和描述法。

1. 列举法

把集合中的元素一一列举出来写在大括号内，每个元素仅写一次，且不考虑其顺序，这种表示集合的方法叫作**列举法**。

例如，由小于 6 的正整数所构成的集合可以表示为 $\{1, 2, 3, 4, 5\}$。

2. 描述法

有些集合，不适合用列举法表示，如不等式 $x-3<0$ 的解集，我们可以通过描述这个集合中所有元素的公共属性来表示，如表示为 $A=\{x|x-3<0\}$。像这样，把集合中的元素的公共属性描述出来，写在大括号内表示集合的方法叫作**描述法**。

相关链接

集合元素应有的基本特性

（1）确定性。例如："一本很厚重的书"不能构成集合，因为没有确定的标准。

（2）无序性。例如：集合 $\{1,2,4\}$ 和集合 $\{4,1,2\}$ 是一样的。

（3）互异性。例如：由电话号码 8702028 的所有数字构成的集合不可以写成 $\{8,7,0,2,0,2,8\}$，正确写法是 $\{8,7,0,2\}$，即集合中的元素不能重复出现。

从包含元素的多少可以将集合分为

含有有限个元素的集合叫作**有限集**；
含有无限个元素的集合叫作**无限集**；
含有一个元素的集合叫作**单元素集**；
不包含任何元素的集合叫作**空集**。

【例1】用适当的符号（$\in$ 或 $\notin$）填空。

(1) 5＿＿＿**N**；　　　　(2) $\dfrac{1}{2}$＿＿＿**N**；

(3) -2＿＿＿**Z**；　　　(4) π＿＿＿**Q**；

(5) $\sqrt{2}-1$＿＿＿**R**；　(6) 0＿＿＿$\varnothing$。

解：(1) $5 \in \mathbf{N}$；(2) $\dfrac{1}{2} \notin \mathbf{N}$；(3) $-2 \in \mathbf{Z}$；

> **提示**
> 有些集合可用多种方法表示，而有些集合只能用列举法或描述法这两种方法的其中之一来表示。

（4）$\pi \notin \mathbf{Q}$；（5）$\sqrt{2}-1 \in \mathbf{R}$；（6）$0 \notin \varnothing$。

【例2】 用列举法表示下列集合：

（1）由我国古代四大名著构成的集合；

（2）所有小于10的自然数所构成的集合；

（3）由最大的负整数构成的集合。

解：（1）设由我国古代四大名著构成的集合为A，则$A=\{$水浒传，三国演义，西游记，红楼梦$\}$；

（2）设所有小于10的自然数所构成的集合为B，则$B=\{0, 1, 2, 3, 4, 5, 6, 7, 8, 9\}$；

（3）设由最大的负整数构成的集合为C，则$C=\{-1\}$。

【例3】 用描述法表示下列集合：

（1）由方程$2x+1=x-2$的解构成的集合；

（2）所有三角形构成的集合；

（3）所有自然数构成的集合。

解：（1）设由方程$2x+1=x-2$的解构成的集合为D，则$D=\{x|2x+1=x-2\}$；

（2）设所有三角形构成的集合为P，则$P=\{$三角形$\}$；

（3）自然数构成的集合习惯上用$\mathbf{N}$表示，则$\mathbf{N}=\{$自然数$\}$。

 实例解答

【例4】 解决"实例导入"中提出的问题

解：（1）一年中的四个季节能用集合形式表示，用列举法表示为$\{$春季，夏季，秋季，冬季$\}$，用描述法表示为$\{$一年中的四个季节$\}$。

（2）设某交通运输技师学院16级春季班全体同学构成集合A，则李明$\in A$。

 拓展学习

判断以下语句中描述的对象能不能构成集合，判断正确一个获得一颗星星，试试看你能获得五颗星星吗？

★美丽的鲜花（A）能，（B）不能。

★最高的山（A）能，（B）不能。

★比较大的数（A）能，（B）不能。

★所有身高1.5米以上的人（A）能，（B）不能。

★一本很厚重的书（A）能，（B）不能。

如果你是依次选择B、A、B、A、B的话，那么你已将五颗星星全部收获囊中，祝贺你！

思考与体验

1. 下列四个集合中，是空集的是（　　）。

A. $\{x|x^2=-1$ 且 $x\in\mathbf{R}\}$

B. $\{x|3x=2\}$

C. $\{0\}$

D. $\{-5\}$

2. 在下列各题的横线上填入符号"$\in$"或"$\notin$"：

（1）-2＿＿$\mathbf{Z}$；　　　　　（2）$\dfrac{3}{5}$＿＿$\mathbf{Q}$；

（3）$-\dfrac{3}{5}$＿＿$\mathbf{N}$；　　　（4）$\sqrt{2}$＿＿$\mathbf{Q}$。

3. 将集合$\{$我国古代四大发明$\}$用列举法表示。

二、集合的运算

实例导入

学校小卖部进了两次货，第一次进的货是矿泉水、笔记本、铅笔、橡皮、水杯和方便面，第二次进的货是梳打饼、笔记本、铅笔和面包，那么两次一共进了几种货？这个问题似乎不难回答，如果从集合运算的角度来解决这个问题，应该怎么进行呢？学习完本课知识，我们就知道了。

图 2—2

 知识学习

一般地，对于两个集合 A 与 B，如果集合 A 中的任何一个元素都是集合 B 的元素，那么集合 A 叫作集合 B 的**子集**，记作 $A \subseteq B$ 或 $B \supseteq A$，读作"A 包含于 B"或"B 包含 A"。例如，设 $A=\{1, 2\}$，$B=\{1, 2, 3\}$，则 $A \subseteq B$ 或 $B \supseteq A$。

如果集合 A 是集合 B 的子集，并且集合 B 中至少有一个元素不属于集合 A，那么集合 A 叫作集合 B 的**真子集**。记作 $A \subsetneq B$ 或 $B \supsetneq A$，读作"A 真包含于 B"或"B 真包含 A"。例如，集合 $A=\{1, 2\}$ 是集合 $B=\{1, 2, 3\}$ 的子集，同时存在 $3 \in B$ 且 $3 \notin A$，所以，集合 $A=\{1, 2\}$ 是集合 $B=\{1, 2, 3\}$ 的真子集。

下面从另一个角度去观察集合 A 和 B，这两个集合有没有公共元素？如果有，是哪些呢？我们可以观察到，1、2 是这两个集合的公共元素。于是，我们把既属于集合 A 又属于集合 B 的所有公共元素构成的集合叫作 A 与 B 的交集。这里，A 与 B 的交集是 $\{1, 2\}$。

一般地，由既属于集合 A 又属于集合 B 的所有公共元素构成的集合，叫作 A 与 B 的**交集**，记作 $A\cap B$，读作"A 交 B"，即 $A\cap B = \{x | x \in A\text{ 且 }x \in B\}$。

例如，$\{1, 3, 5, 7, 8, 9\} \cap \{2, 4, 6, 8, 9, 10\} = \{8, 9\}$。

两个集合 A 与 B 的交集 $A\cap B$ 有 5 种情况，如图 2—3 的阴影部分所示。

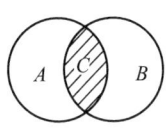 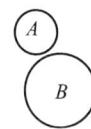 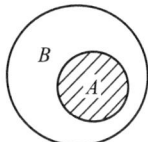 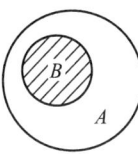 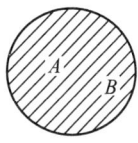

a) $A\cap B = C$　b) $A\cap B = \varnothing$　c) $A\cap B = A$　d) $A\cap B = B$　e) $A\cap B = A = B$

图 2—3　交集

继续从不同角度观察：设集合 $A=\{1, 3, 5, 7, 8, 9\}$，$B=\{2, 4, 6, 8, 9, 10\}$，如果设由所有属于集合 A 或者属于集合 B 的元素构成的新集合为 D，则 $D=\{1, 2, 3, 4, 5, 6, 7, 8, 9, 10\}$。

一般地，由所有属于集合 A 或属于集合 B 的元素构成的集合叫作 A 与 B 的**并集**，记作 $A\cup B$，读作"A 并 B"，即 $A\cup B = \{x | x \in A\text{ 或 }x \in B\}$。

两个集合 A 与 B 的并集 $A\cup B$ 有 5 种情况，如图 2—4 的阴影部分所示。

> **？想一想**
> 集合 D 中的元素 8 和 9，这两个元素既在 A 中，也在 B 中，为什么在新集合中不能出现两次呢？
> （集合元素应具备互异性）

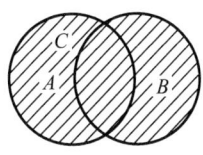 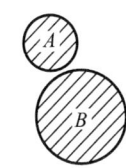 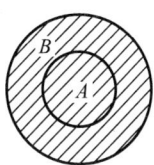 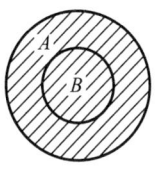 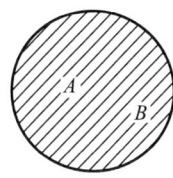

a) $A\cup B = C$　b) $A\cup B = B\cup A$　c) $A\cup B = B$　d) $A\cup B = A$　e) $A\cup B = A = B$

图 2—4　并集

 相关链接

集合与集合之间还有如下关系

1. 空集是任意一个集合的子集。

2. 任何一个集合都是它本身的子集,即 $A \subseteq A$。

3. 对于两个集合 A 与 B,如果集合 A 中的任何一个元素都是集合 B 中的元素,同时集合 B 中任何一个元素都是集合 A 的元素,即 $A \subseteq B$ 同时 $B \subseteq A$,这时,我们就说集合 A 与集合 B 相等,记作 $A=B$。

4. 任何一个集合,它的子集个数都有 2^n 个,其中 n 表示集合中元素的个数。例如,一个集合中元素的个数是3,那么,其子集个数就有 $2^3=8$ 个。具体地,设集合 $A=\{a, b, c\}$,那么集合 A 的所有子集是:$\emptyset$,$\{a\}$,$\{b\}$,$\{c\}$,$\{a, b\}$,$\{a, c\}$,$\{b, c\}$,$\{a, b, c\}$。

【例1】 设集合 $A=\{a, b, c, d\}$,$B=\{c, d, e, f\}$,求 $A \cap B$。

解:$A \cap B = \{a, b, c, d\} \cap \{c, d, e, f\} = \{c, d\}$。

【例2】 设集合 $A=\{1, 2, 3\}$,$B=\{4, 5, 6\}$,求 $A \cap B$。

解:因为集合 A 与 B 没有相同的元素,

所以 $A \cap B = \{1, 2, 3\} \cap \{4, 5, 6\} = \emptyset$。

【例3】 设集合 $A=\{x | x \geq -1\}$,$B=\{x | x<2\}$,求 $A \cap B$,并在数轴上表示。

解:如图2—5的阴影部分所示,$A \cap B = \{x | x \geq -1\} \cap \{x | x<2\} = \{x | x \geq -1 \text{且} x<2\} = \{x | -1 \leq x < 2\}$。

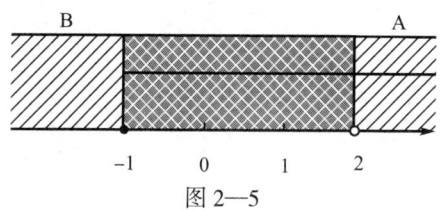

图2—5

【例4】 求下列各小题中两个集合的并集。

(1)集合 $A=\{a, b, c, d\}$,集合 $B=\{c, d, e, f\}$;

(2)集合 $A=\{1, 2, 3\}$,集合 $B=\{4, 5, 6\}$。

解：（1）$A \cup B = \{a, b, c, d\} \cup \{c, d, e, f\} = \{a, b, c, d, e, f\}$；

（2）$A \cup B = \{1, 2, 3\} \cup \{4, 5, 6\} = \{1, 2, 3, 4, 5, 6\}$。

实例解答

【例5】 解决"实例导入"中提出的问题。

分析：如果用 A 表示小卖部第一次进货物品，用 B 表示小卖部第二次进货物品，利用求集合并集运算的意义——出现在两个集合中的元素求并集时只能出现一次，计算出两次一共进了几种货。

解：设 $A=\{$矿泉水，笔记本，铅笔，橡皮，水杯，方便面$\}$，$B=\{$梳打饼，笔记本，铅笔，面包$\}$，两次一共进货的品种为 C，那么，$C = A \cup B = \{$矿泉水，笔记本，铅笔，橡皮，水杯，方便面，梳打饼，面包$\}$。

答：两次一共进了8种货。

拓展学习

关于"实例导入"的问题，是可以用求集合并集的元素个数的方法解决的。

首先引入相关符号，把集合 A 的元素个数记作 $\text{Card}(A)$［例如 $A=\{a, b, c\}$，则 $\text{Card}(A)=3$］，集合 B 的元素个数记作 $\text{Card}(B)$，集合 $A \cap B$ 的元素个数记作 $\text{Card}(A \cap B)$，集合 $A \cup B$ 的元素个数记作 $\text{Card}(A \cup B)$。但是，如果回答两次一共进了 $6+4=10$（种），显然是不对的。因为两次进的货里有2个相同的品种，相同品种数实际上就是 $\text{Card}(A \cap B)=2$，因此，两次进货的品种数可以这样运算而得：$\text{Card}(A \cup B) = \text{Card}(A) + \text{Card}(B) - \text{Card}(A \cap B) = 6+4-2=8$（种）。

思考与体验

1. 设 $A=\{$2016级高速公路运营班全体女同学$\}$，$B=\{$2016级高速公路运营班全体男同学$\}$，则 $A \cap B =$ ＿＿＿＿＿＿＿＿，$A \cup B =$

_____。

2. 设 $A=\{x|-2 \leq x \leq 3\}$，$B=\{x|1<x<6\}$，则 $A \cap B=$（　　）。

A. **R**　　　　　　　　　B. ∅

C. $\{x|1<x \leq 3\}$　　　D. $\{x|2<x<4\}$

3. 设 $A=\{x|x \leq 3\}$，$B=\{x|x>1\}$，则 $A \cup B=$（　　）。

A. **R**　　　　　　　　　B. $\{x|x>1\}$

C. $\{x|1<x \leq 3\}$　　　D. $\{x|x \leq 3\}$

第二讲　函数

一、函数的概念

1. 班里的小强同学决定参加市体育局组织的竞走活动，他选择在两校区之间步行训练。已知两校区相距 18 千米，小强平均每小时行走 6 千米，如果设行走路程为 y（千米），时间为 x（小时），那么，你能写出 y 与 x 之间的函数关系式吗？

2. 班里购买笔记本奖励助人为乐积极分子，已知某种笔记本单价为 6 元，如果设笔记本本数为 x（本），$x \in \{1, 2, 3, 4, 5\}$，笔记本的总价为 y（元），你能写出 y 与 x 之间的函数关系式吗？能用函数的三种表示法表示 y 与 x 之间的函数关系吗？

比较以上两个实例，它们是不是相同的函数呢？学习了本课，我们就知道了。

在某一个变化过程中，始终保持相同数值的量叫作**常量**，而在某一个变化过程中，可以取不同数值的量叫作**变量**。

"实例导入"中的两个例子都有两个变量 x 和 y，而步行速度 6 以及笔记本单价 6 都是常量。

定义：在某一个变化过程中有两个变量 x、y，如果当 x 在某个范围内取一个确定的值时，按照某个**对应法则** f，y 都有唯一确定的值与它对应，那么称 **y 是 x 的函数**，记作 $y=f(x)$，$x\in D$。其中 x 是自变量，自变量 x 的取值构成集合 D，D 叫作**函数的定义域**。对于定义域 D 中的某一个值 x_0，在对应法则 f 的作用下，变量 y 都有唯一确定的值与之对应，这个值称为函数值，记作 $f(x_0)$。所有函数值构成的集合叫作**函数的值域**。

由函数定义可知，函数是由定义域、值域和对应法则组成，这三个组成部分称之为构成函数的三要素。因此，如果三要素都相同，函数无疑是相同的。

【例1】 已知 $f(x)=2x-3$，求 $f(0)$，$f(1)$，$f(-1)$，$f(a)$。

解：$f(0)=2\times 0-3=-3$；

$f(1)=2\times 1-3=-1$；

$f(-1)=2\times(-1)-3=-2-3=-5$；

$f(a)=2a-3$。

【例2】 求下列函数的定义域，并用区间表示。

（1）$f(x)=x^2-2x+3$； （2）$f(x)=\dfrac{2}{x-3}$；

（3）$f(x)=\sqrt{x-1}$。

解：（1）因为不论 x 取什么实数，x^2-2x+3 都有意义。所以本函数的定义域是 **R**，用区间表示为 $(-\infty,+\infty)$。

（2）因为分式的分母不能为 0，即 $x-3\neq 0$，得 $x\neq 3$。所以此函数的定义域是 $\{x|x\neq 3\}$，用区间表示为 $(-\infty,3)\cup(3,\infty)$。

（3）因为偶次根式的被开方数不能为负数，即 $x-1\geq 0$，得 $x\geq 1$。所以函数的定义域是 $\{x|x\geq 1\}$，用区间表示为 $[1,+\infty)$。

 相关链接

函数的三种表示方法

（1）解析法：把两个变量的函数关系用等式表示，这个等式叫

> **提示**
> 一般地，求函数的定义域可以由函数式类型加以确定：
> 如果函数式是整式，那么它的定义域是全体实数；
> 若函数式是分式，则它的定义域是使分母不为零的所有实数；
> 若函数式含有二次根式，则它的定义域是使被开方数（式）非负的所有实数。

> **？想一想**
> 当两个函数的定义域和对应法则都相同，这两个函数的值域相同吗？
> （相同）

> **提示**
> 给定函数时要指明函数的定义域，如果没有给出定义域，那么就默认函数的定义域是使函数解析式有意义的自变量取值的集合。

作函数解析式。

（2）列表法：用表格来表示两个变量之间的函数关系。

（3）图像法：用图像来表示两个变量之间的函数关系。

三种表示方法的比较

（1）解析法：便于进行各种运算，也便于进行函数性质的讨论和研究，但不够直观。

（2）列表法：不必通过计算就能了解自变量取某些值时函数的对应值，但所列数值有限，不够全面。

（3）图像法：能直观形象地表示出函数的变化情况及规律，如增减性、对称性等，但用于解决某些问题时不够精确。

 **实例解答**

【例3】 解决"实例导入"中提出的问题。

解：（1）行走路程 y（千米）与时间 x（小时）之间的函数关系式是：$y=6x$，$0 \leqslant x \leqslant 3$。

（2）笔记本的总价 y（元）与笔记本本数 x（本）之间的函数关系式是：$y=6x$，$x \in \{1, 2, 3, 4, 5\}$。

用函数的三种表示法表示问题（2）中的函数 $y=f(x)$：

因为函数的定义域是数集 $\{1, 2, 3, 4, 5\}$，所以用解析法将函数 $y=f(x)$ 表示为

$$y=6x, \quad x \in \{1, 2, 3, 4, 5\}$$

用列表法可将函数 $y=f(x)$ 表示为表2—2。

表2—2　　　　　列表法表示函数 $y=f(x)$

笔记本本数 x	1	2	3	4	5
总价 y	6	12	18	24	30

用图像法可将函数 $y=f(x)$ 表示为图2—6所示。

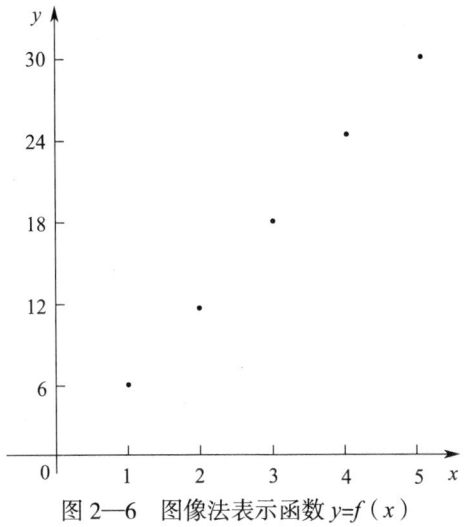

图2—6 图像法表示函数 $y=f(x)$

根据函数定义,"实例导入"中的两个函数虽然解析式相同,但是它们的定义域不同。因此,这两个函数不是相同的函数。

 拓展学习1

有时候,一个函数根据自变量的不同取值,需要用两个或更多的式子来表示,我们将这种函数称为**分段函数**。下面看看如何应用分段函数知识解决这个问题:

班里组织夏令营活动。已知某景区门票收费标准是:30人以内(含30人)每人25元,超过30人,超过部分每人20元。那么,你能写出游览人数 x(人)与门票收费 y(元)之间的函数关系吗?试一试计算50人应付多少门票费用。

解析:门票的收费是随着人数的变化而变化的,所以 x 是自变量,而且,人数不同,收费标准也不一样,因此,需要用分段函数列解析式。

根据分段函数意义及题意得游览人数 x 与门票收费 y 之间的函数关系式:

$$y=\begin{cases} 25x & (0 \leq x \leq 30, x \in \mathbf{Z}) \\ 25 \times 30 + 20(x-30) & (x>30, x \in \mathbf{Z}) \end{cases}$$

因为 $x=50 \in \{x|x>30, x \in \mathbf{Z}\}$

所以 $f(50)=25\times30+20\times(50-30)=1\,150$（元）。

50人应付门票款1 150元。

 **拓展学习 2**

设 a，b 是两个实数，且 $a<b$（a 与 b 为相应区间的端点），我们规定：

（1）满足不等式 $a\leqslant x\leqslant b$ 的实数 x 的集合叫作**闭区间**，记作 $[a, b]$（见图 2—7a）；

（2）满足不等式 $a<x<b$ 的实数 x 的集合叫作**开区间**，记作 (a, b)（见图 2—7b）；

（3）满足不等式 $a\leqslant x<b$ 或 $a<x\leqslant b$ 的实数 x 的集合叫作**半开半闭区间**，分别记作 $[a, b)$（见图 2—7c）和 $(a, b]$（见图 2—7d）。

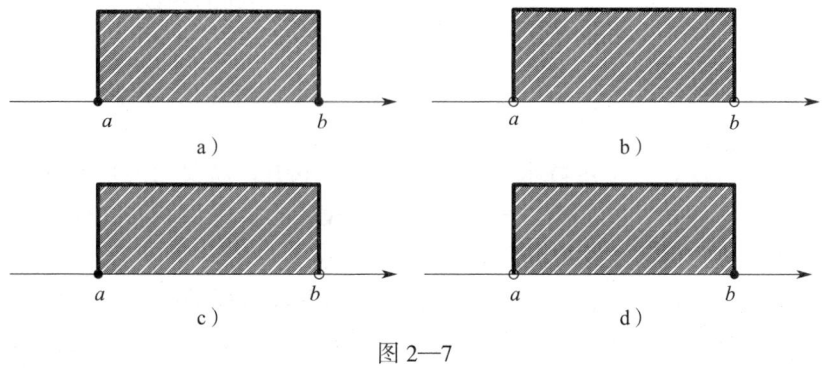

图 2—7

实数集 $\mathbf{R}$，用区间表示为 $(-\infty, +\infty)$，"$+\infty$"读作"正无穷大"，"$-\infty$"读作"负无穷大"。我们把满足 $x\geqslant a$，$x>a$，$x\leqslant b$，$x<b$ 的实数 x 的集合分别记作 $[a, +\infty)$ $(a, +\infty)$ $(-\infty, b]$ $(-\infty, b)$，如图 2—8 所示。

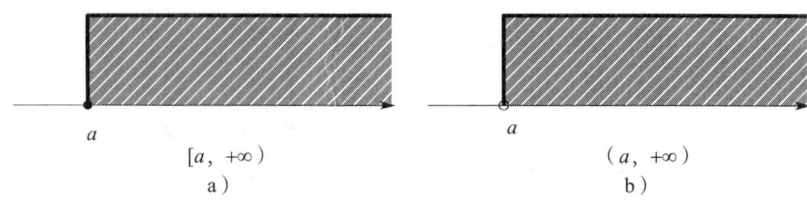

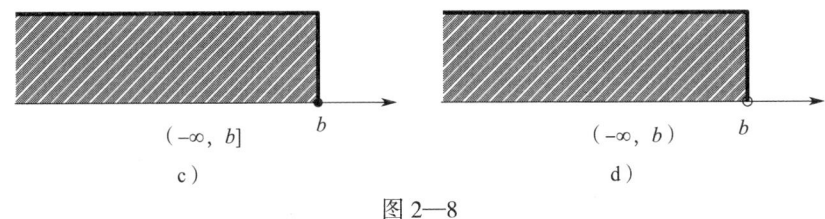

图 2—8

思考与体验

1. 已知 $f(x)=3x+2$，求 $f(0)$，$f(1)$，$f(-1)$，$f(a)$。

2. 函数 $y=\dfrac{1}{\sqrt{x-2}}$ 的定义域是（　　）。

   A. $[2,+\infty)$　　B. $(2,+\infty)$　　C. $\{x|x\neq 2\}$　　D. **R**

3. 请你用列表法表示你初中 6 个学期数学期末考试成绩。

表 2—3　　6 个学期数学期末考试成绩表

学期						
成绩						

二、函数的基本性质

实例导入

王欣同学骑自行车上学，他匀速行进的途中自行车突然发生故障，故停下来修车耽误了几分钟。为准时到校，王欣加快速度，但仍保持匀速行进。那么，你认为自行车行驶的路程 s（千米）与时间 t（小时）之间的函数关系，与图 2—9 所示的哪一个图像更吻合呢？

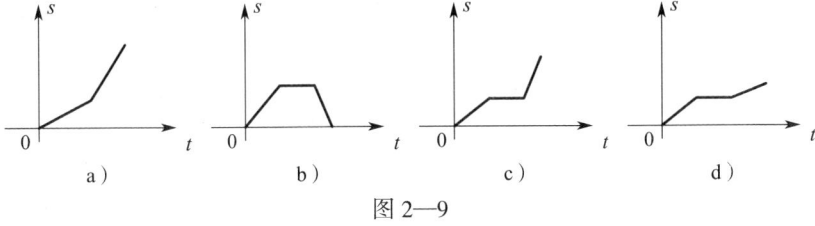

图 2—9

知识学习

我们经常可以看到这样的函数,当自变量增大时,函数值也随之增大或者减少。例如,随着时间的推移,人的年龄也随之增加,而人体各器官功能则随之衰退。某种放射性物质会随着时间的推移而逐渐衰减。为了认识这类事物的变化规律,下面引入函数单调性的概念。

对于函数$f(x)$定义域内某个给定区间I上的任意两个自变量的值x_1、x_2:

(1)当$x_1<x_2$时,都有$f(x_1)<f(x_2)$,则称函数在区间I是**增函数**;

(2)当$x_1<x_2$时,都有$f(x_1)>f(x_2)$,则称函数在区间I是**减函数**。

区间I叫作函数$y=f(x)$的单调区间。

函数单调性的图像特征见表2—4。

> **提示**
> 为方便记忆,函数的增减性定义可归纳为:不等号同向为增,不等号异向为减。

表2—4　　增函数和减函数的图像特点对照表

函数	增函数	减函数
图像	(图:$y=f(x)$上升曲线,标注$f(x_1)$、$f(x_2)$,$x_1<x_2$)	(图:$y=f(x)$下降曲线,标注$f(x_1)$、$f(x_2)$,$x_1<x_2$)
特点	①当$x_1<x_2$时,有$f(x_1)<f(x_2)$ ②图像从左到右上升	①当$x_1<x_2$时,有$f(x_1)>f(x_2)$ ②图像从左到右下降

在讨论函数的性质时,我们还经常看到具有对称特点的函数。例如:函数$f(x)=x^2$,有$f(-1)=(-1)^2=1^2=f(1)$,$f(-2)=(-2)^2=2^2=f(2)$,$\cdots$,$f(-x)=(-x)^2=x^2=f(x)$。又例如:函数$f(x)=x^3$,有$f(-1)=(-1)^3=-1^3=-f(1)$,$f(-2)=(-2)^3=-2^3=-f(2)$,$\cdots$,$f(-x)=$

$(-x)^3=-x^3=-f(x)$。为了方便讨论这种类型的函数,我们引入奇函数和偶函数的概念。

如果对于函数 $f(x)$ 的定义域内的任意一个 x,都有 $f(-x)=f(x)$,那么函数 $f(x)$ 就叫作**偶函数**。

如果对于函数 $f(x)$ 的定义域内的任意一个 x,都有 $f(-x)=-f(x)$,那么函数 $f(x)$ 就叫作**奇函数**。

偶函数和奇函数的图像有以下特点:

偶函数的图像是以 y 轴为对称轴的轴对称图形,奇函数的图像是以坐标原点为对称中心的中心对称图形。

由此可知,函数 $f(x)=x^2$ 是偶函数,如图 2—10 所示;函数 $f(x)=x^3$ 是奇函数,如图 2—11 所示。

> **提示**
> 如果一个函数的定义域对应的区间关于坐标原点不对称,函数将失去讨论奇偶性的意义。

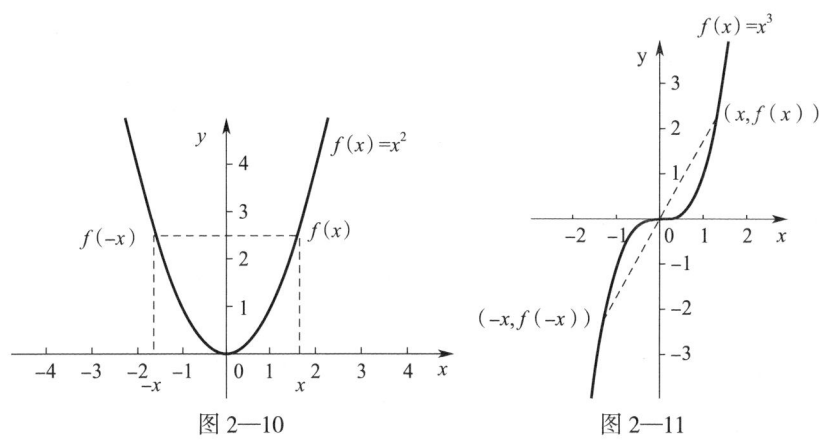

图 2—10   图 2—11

【**例1**】 定义在闭区间 [-5,5] 上的函数 $y=f(x)$ 的图像,如图 2—12 所示,请根据图像写出 $y=f(x)$ 的单调区间,以及在每一个单调区间上,$y=f(x)$ 是增函数还是减函数。

解:函数递增区间为:[-2,1],[3,5];

函数递减区间为:[-5,-2],[1,3]。

【**例2**】 判断函数 $y=2x+1$ 在区间 $(-\infty,+\infty)$ 上是增函数还是减函数。

解:作出函数 $y=2x+1$ 的图像,如图 2—13 所示。

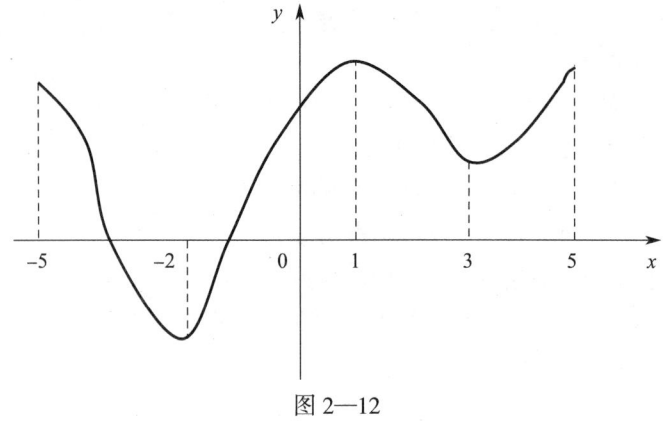

图 2—12

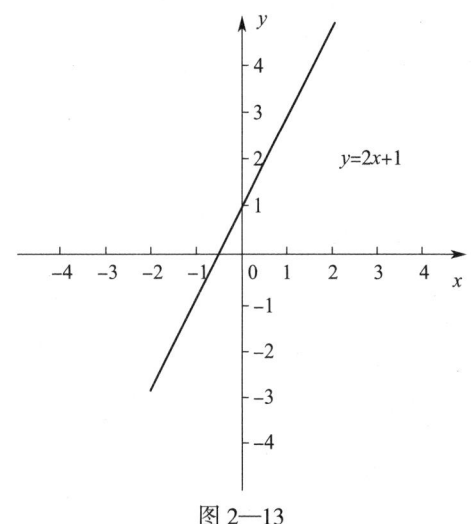

图 2—13

它是一条从左到右向上伸展的直线,即图像从左到右是上升的,因此函数 $y=2x+1$ 在区间 $(-\infty, +\infty)$ 上单调递增,所以,$y=2x+1$ 在区间 $(-\infty, +\infty)$ 上是增函数。

【例3】 判断下列函数是奇函数还是偶函数。

(1) $f(x)=2x^3$；   (2) $f(x)=\dfrac{3}{x}$；

(3) $f(x)=x^2+1$；   (4) $f(x)=2x^4-x^2$。

解：(1) 函数 $f(x)=2x^3$ 的定义域是 **R**,对任意 $x \in \mathbf{R}$ 有 $f(-x)=2(-x)^3=-2x^3=-f(x)$,所以 $f(x)=2x^3$ 是奇函数。

（2）函数 $f(x)=\dfrac{3}{x}$ 的定义域是 $(-\infty, 0) \cup (0, +\infty)$，对定义域内任意 x 有 $f(-x)=\dfrac{3}{(-x)}=-\dfrac{3}{x}=-f(x)$，所以 $f(x)=\dfrac{3}{x}$ 是奇函数。

（3）函数 $f(x)=x^2+1$ 的定义域是 **R**，对于定义域内任意 x 有 $f(-x)=(-x)^2+1=x^2+1=f(x)$，所以 $f(x)=x^2+1$ 是偶函数。

（4）函数 $f(x)=2x^4-x^2$ 的定义域是 **R**，对于定义域内任意 x 有 $f(-x)=2(-x)^4-(-x)^2=2x^4-x^2=f(x)$，所以 $f(x)=2x^4-x^2$ 是偶函数。

 **实例解答**

【例4】 解决"实例导入"中提出的问题。

解：根据函数单调性，四个图像中与自行车行进情况吻合的是图2—9c。

 **拓展学习**

已知下面四组点的坐标：
（1）（0，0），（2，1），（4，0），（2，-1），（0，0）；
（2）（0，0），（1，2），（0，4），（-1，2），（0，0）；
（3）（0，0），（-2，1），（-4，0），（-2，-1），（0，0）；
（4）（0，0），（-1，-2），（0，-4），（1，-2），（0，0）。

请你在图2—14所示的平面直角坐标系中描出上面各组给出坐标的点，并将各组的点用线段依次连接起来，然后观察所得的图形是什么形状，具有怎样的对称美。

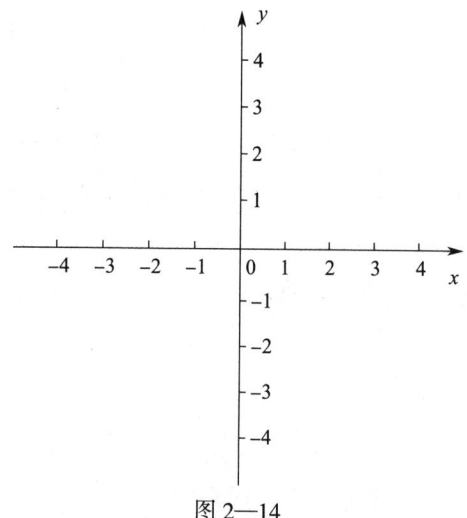

图 2—14

 **思考与体验**

1. 函数 $y=2x-1$ 在区间 $(-\infty, +\infty)$ 上是增函数还是减函数？
2. 判断下列函数是不是奇函数。

（1） $f(x)=\dfrac{1}{x^3}$ （2） $f(x)=\dfrac{1}{x^2+1}$

3. 判断下列函数是不是偶函数。

（1） $f(x)=3x^2$ （2） $f(x)=5x^3$

第三章 三角函数及其应用

我们知道,在现实世界中,许多现象都有着循环往复、周而复始的规律,这种变化规律称为周期性。我们可以应用这些规律为生活服务,例如,假如今天是1月1日星期一,那么从今天开始的第45天是星期几呢?我们就可以利用7天为一个周(星)期的规律进行推算,1月7日则为星期天,由$45=7\times6+3$可知,第45天是星期三。

三角函数是研究自然界中周期变化规律的重要数学模型,它在工程、测量、数控、机械制造等领域有着广泛的应用。我们在初中已经学习了锐角三角函数,但是,在现实中常常会遇到任意大小的角，本章将把角的概念进行推广，并在锐角三角函数的基础上学习任意角三角函数的知识，观察其图像有什么规律，下面我们一起来探讨这些问题吧！

第一讲　角的概念的推广和弧度制

一、角的概念的推广

实例导入

如图 3—1 所示，挂钟显示的时间是 12：45，比实际时间快了 15 分钟，如果让你完成校准，你应将分针往回拨多少角度？此时，挂钟因故障停止工作，15 分钟后继续正常运行，再次让你完成校准，那么，你应将分针往什么方向拨动？分针转动的角度是多少？比较一下，第一次拨动分针和第二次拨动分针形成的角的大小和方向相同吗？如果不同，你能否找出一种简便的方法区分角转动的方向？

图 3—1

知识学习

1. 角

我们规定，平面内一条射线绕它的端点 O 从位置 OA 旋转到任意位置 OB 形成的图形称为**角**。射线 OA 的端点 O 称为角的**顶点**。射线 OA 在旋转的初始位置称为角的**始边**。射线 OA 旋转的终止位置 OB 称为角的**终边**。如图 3—2 所示，为方便起见，∠AOB 也可以用小写希腊字母 α、β、γ…来表示。

在初中，我们学习过角的大小范围是在 0°~360° 之间。但是，

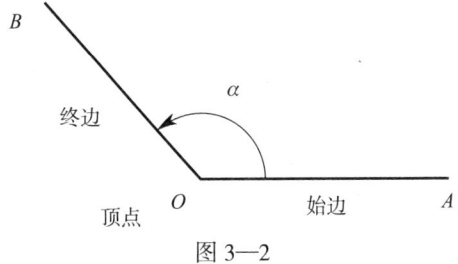

图 3—2

在生活和生产实际中还会遇到大于 360° 或带有不同方向的角。为了区分射线旋转的不同方向，我们以钟表的时针方向作为标准，把射线按逆时针方向旋转形成的角称为**正角**；按顺时针方向旋转形成的角称为**负角**；当一条射线不做任何旋转时，我们也认为它形成了一个角，称为**零角**，如图 3—3 所示。

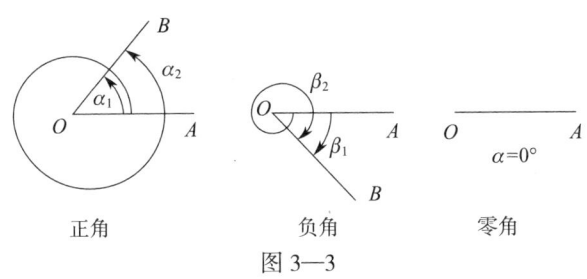

图 3—3

> **提示**
> 我们在画角的时候，通常要用箭头表示出旋转方向，同时把形成这个角的旋转过程画出来。

2. 象限角

为了方便，我们通过建立平面直角坐标系来讨论角，以 xoy 坐标系的坐标原点 O 为角的顶点，使角的始边与 x 轴的正半轴重合，这时角的终边落在第几象限就说这个角是**第几象限角**，如图 3—4 所示；当角的终边落在坐标轴上时，这个角就称为**轴线角**，如图 3—5 所示。

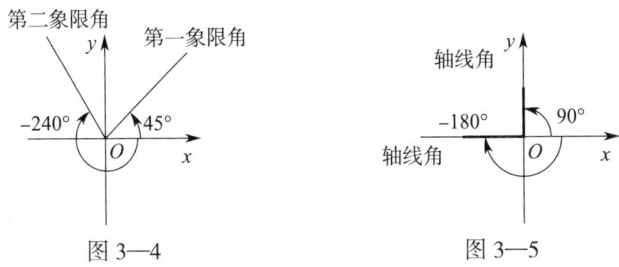

图 3—4　　　　　图 3—5

> **提示**
>
> 当角 $\alpha \in [0°, 360°)$ 范围内时，象限角以及轴线角的分布情况如图 3—6 和图 3—7 所示。
>
>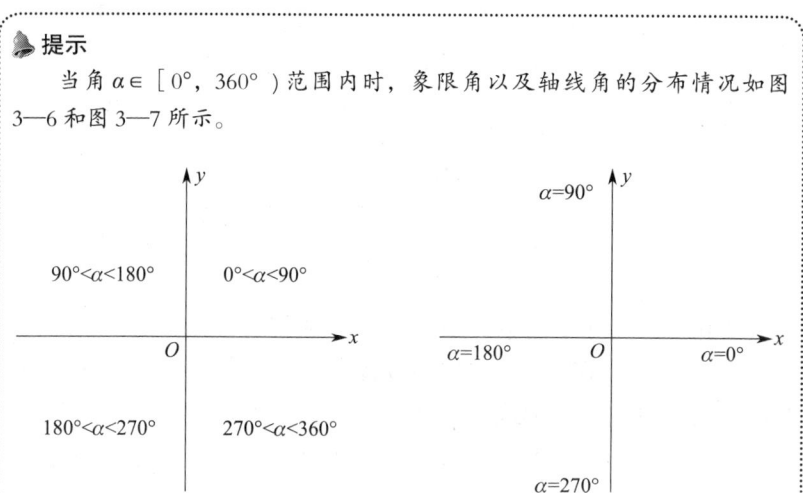
>
> 图 3—6　　　　　　　　　图 3—7

【例1】 判断下列各角是第几象限角。

(1) 405°　　(2) 488°　　(3) 840°　　(4) -120°

解：(1) 因为 405°=360°+45°，而 45° 是第一象限角，所以 405° 是第一象限角。

(2) 因为 488°=360°+128°，而 128° 是第二象限角，所以 488° 是第二象限角。

(3) 因为 840°=2×360°+120°，而 120° 是第二象限角，所以 840° 是第二象限角。

(4) 因为 -120°=-360°+240°，而 240° 是第三象限角，所以 -120° 是第三象限角。

【例2】 下列各角中哪些角与 45° 角终边相同？

(1) 405°　　(2) 750°　　(3) -315°

解： 因为　405°=1×360°+45°，

750°=2×360°+30°，

-315°=-1×360°+45°，

所以，405° 角、-315° 角与 45° 角终边相同（405°、-315° 与 45° 的差值正好是 360° 的整数倍），而 750° 角与 45° 角终边不相同（750° 与 45° 的差值不是 360° 的整数倍）。

【例3】 在0°~360°内，找出与下列各角终边相同的角。

(1) 900°　　(2) -50°　　(3) 425°　　(4) -670°

解：(1) 因为 900°=2×360°+180°，

所以 900° 角与 180° 角终边相同。

(2) 因为 -50°=-1×360°+310°，

所以 -50° 角与 310° 角终边相同。

(3) 因为 425°=1×360°+65°，

所以 425° 角与 65° 角终边相同。

(4) 因为 -670°=-2×360°+50°，

所以 -670° 角与 50° 角终边相同。

 实例解答

【例4】 解决"实例导入"中提出的问题。

解：设分针先后两次拨动形成的角度分别是 α_1 和 α_2，则第一次拨动分针应按逆时针方向转动 90°，即 α_1=90°；第二次拨动分针应按顺时针方向转动 90°，即 α_2=90°。

 拓展学习

你有没有注意到，很多商场进出玻璃门上贴着"推"或"拉"的提示。观察图3—8所示的玻璃门，"拉"和"推"的角度大小都一样，你可以用什么简便的数学式子来表示这两种情况呢？如果玻

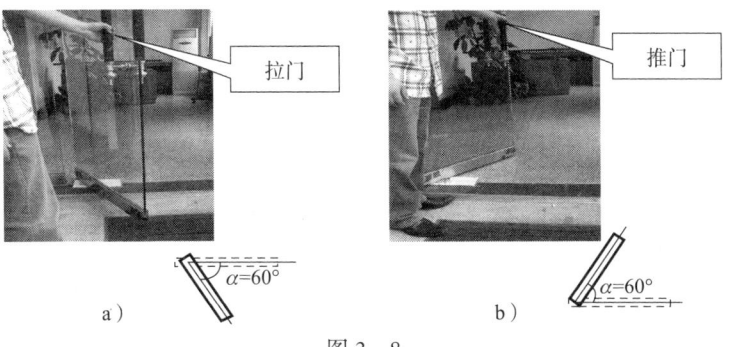

图 3—8

璃门不做任何方向的转动，你还可以通过数学式子表示吗？

 **思考与体验**

1. 与100°角终边相同的角是（　　）。
A. 200°　　　B. −260°　　　C. −100°　　　D. 120°

2. 下列各角是第几象限角？如果是轴线角，则回答是什么位置的轴线角。
（1）30°　　　（2）150°　　　（3）240°
（4）−90°　　　（5）180°

3. 时钟从12点走到12点20分，分针旋转了多少度？

二、弧度制

 实例导入

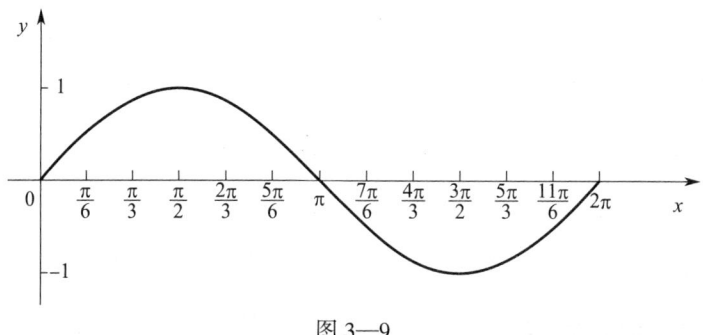

图3—9

图3—9所示是三角函数中的正弦函数$y=\sin x$（$x\in[0,2\pi]$）的图像（将在正弦函数图像和性质中详细学习）。从函数的定义可知，该函数的自变量是x，它表示角，那么问题就出现了：角的单位是度，而坐标平面上的任意一点的坐标都是由实数对表示的，如何将衡量角大小的"度"转换成用实数表示，这就是解决问题的关键。也就是在正弦函数图中，30°用实数$\dfrac{\pi}{6}$代替是如何得来的？60°、

90°、120°、150°…分别对应的实数是什么？这正是本课需要解决的问题。

知识学习

一般地，我们把长度等于半径的圆弧所对的圆心角叫作 **1 弧度的角**（见图 3—10），记作 1 rad 或 1 弧度（rad 或弧度通常可省略不写）。以弧度为单位来度量角的制度叫作**弧度制**。

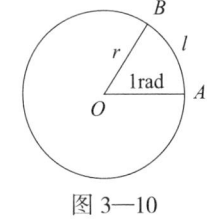

图 3—10

根据弧度制的有关概念，在半径为 r 的圆中，长度为 l 的圆弧对应的圆心角 α 的大小就是由 l 与 r 的比值确定的，即

$$|\alpha|=\frac{l}{r}$$

上面这个式子表明了圆心角与弧长和圆的半径三者之间的关系。

下面来看看一个圆周对应的弧度数是多少。

我们知道，一个圆周对应的圆心角 $\alpha=360°$，半径为 r 的圆的周长为 $l=2\pi r$，由圆心角、弧长、圆半径三者之间的关系式得 $\alpha=\dfrac{l}{r}=\dfrac{2\pi r}{r}=2\pi$（弧度）。将 $\alpha=360°$ 代入得

$$360°=2\pi$$
$$180°=\pi$$

这个式子就是度与弧度转换的基本关系式。根据此关系式有度与弧度的换算公式为：

$$1°=\frac{\pi}{180}\approx 0.017\,45\,(弧度)$$

$$1\,弧度=\left(\frac{180}{\pi}\right)°\approx 57.3°$$

> **提示**
> 以度、分、秒为单位来度量角的单位制叫作**角度制**。角度制规定：把一个圆周分成 360 等份，其中 1 份所对应的圆心角叫作 1° 的角；同理，1° 角的 60 分之一规定为 1′ 角，1′ 角的 60 分之一为 1″ 角，即 1°=60′，1′=60″。

> **提示**
> 自从角可以用弧度表示后，角的大小就可以用任何实数表示，从而，三角函数图像可以更方便地在平面直角坐标系描绘出来。

 相关链接

弧度制下的扇形面积公式

圆心角为 α 的扇形面积公式为：

$$S_{扇形}=\frac{1}{2}|\alpha|\cdot r^2=\frac{1}{2}l\cdot r$$

这里 l 表示半径为 r 的圆的弧长，且圆心角 α 的单位必须是弧度。

【例1】 用弧度表示下列各角的大小。

（1）45°　　（2）135°　　（3）−45°　　（4）10.5°

解：（1）$45°=\frac{\pi}{180}\times 45=\frac{\pi}{4}$；

（2）$135°=\frac{\pi}{180}\times 135=\frac{3\pi}{4}$；

（3）$-45°=\frac{\pi}{180}\times(-45)=-\frac{\pi}{4}$；

（4）$10.5°=\frac{\pi}{180}\times\frac{21}{2}=\frac{7\pi}{120}$。

【例2】 用度表示下列各角的大小。

（1）$\frac{5\pi}{3}$　　（2）$\frac{11\pi}{6}$　　（3）1.5　　（4）−2.5

解：（1）$\frac{5\pi}{3}=\frac{5}{3}\times 180°=300°$；

（2）$\frac{11\pi}{6}=\frac{11}{6}\times 180°=330°$；

（3）$1.5=\frac{180°}{\pi}\times 1.5=\frac{270°}{\pi}$；

（4）$-2.5=\frac{180°}{\pi}\times -2.5=-\frac{450°}{\pi}$。

> **？想一想**
> 　　正角的弧度数是正实数，那么，负角的弧度数呢？
> 　　（负实数）

 **实例解答**

【例3】 解决"实例导入"中提出的问题。

解：$30°=\dfrac{\pi}{180}\times 30=\dfrac{\pi}{6}$；　$60°=\dfrac{\pi}{180}\times 60=\dfrac{\pi}{3}$；

$90°=\dfrac{\pi}{180}\times 90=\dfrac{\pi}{2}$；　　　　$120°=\dfrac{\pi}{180}\times 120=\dfrac{2\pi}{3}$；

$150°=\dfrac{\pi}{180}\times 150=\dfrac{5\pi}{6}$。

将 30°、60°、90°、120°、150° 在两种制度下的换算列表，见表 3—1。

表 3—1　　　　　常用特殊角的度数与弧度的换算表

度	30°	60°	90°	120°	150°
弧度	$\dfrac{\pi}{6}$	$\dfrac{\pi}{3}$	$\dfrac{\pi}{2}$	$\dfrac{2\pi}{3}$	$\dfrac{5\pi}{6}$

 **拓展学习**

如图 3—11 所示，要在公路弯道处沿着圆弧 AB 修建护栏，你能帮助计算出需要修建的护栏长度吗？

[提示：护栏长度 $l=|\alpha|\cdot r=\dfrac{5\pi}{12}\times 48\approx 63$（米）]

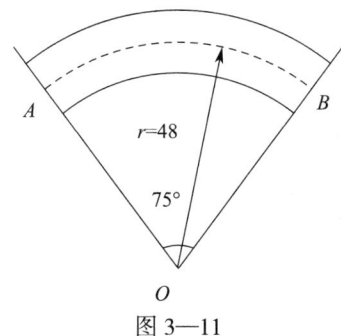

图 3—11

 **思考与体验**

1. 用弧度表示下列各角的大小。
（1）15°　　　（2）-15°　　　（3）135°　　　（4）240°

2. 用度表示下列各角的大小。
（1）$\dfrac{7\pi}{12}$　　　（2）$\dfrac{5\pi}{3}$　　　（3）$-\dfrac{\pi}{4}$　　　（4）2

3. 如果一个圆的半径为6，圆心角为30°，那么所对应的圆弧长 $l=$ _____。

第二讲　任意角三角函数

一、任意角三角函数的定义及符号

 实例导入

图3—12a所示是一座斜拉桥，斜拉桥一般由索塔、主梁和斜拉索组成。

在初中的学习中，我们只是在直角三角形中求锐角三角函数

a）

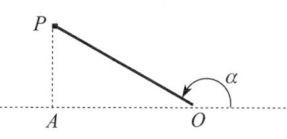

b）

图3—12

值，对于钝角α是没有办法求出它的三角函数值的。而在实际工作中，仅有锐角三角函数知识是不够的。图3—12b所示为桥的其中一条斜拉索OP与地面水平线AO正向形成的钝角α，当已知该斜拉索的斜足O到主梁底部垂足A之间的距离OA=8米，主梁的垂直高度AP=6米时，能不能求出钝角α的正弦函数值、余弦函数值以及正切函数值呢？本课我们将一起解决这个问题。

 **知识学习**

如图3—13所示，将角α所在平面建立平面直角坐标系，使角α的顶点和原点重合，角的始边在x轴的正半轴上，然后在角α的终边上任意取一点$P(x, y)$（原点除外），记作$|OP|=r$，则有

正弦函数：$\sin\alpha=\dfrac{y}{r}$

余弦函数：$\cos\alpha=\dfrac{x}{r}$

正切函数：$\tan\alpha=\dfrac{y}{x}$ （$\alpha\neq k\pi+\dfrac{\pi}{2}$, $k\in\mathbf{Z}$）

其中$r=\sqrt{x^2+y^2}$，$r>0$。

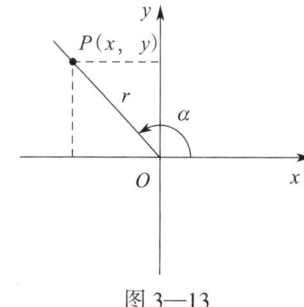

图3—13

> **? 想一想**
> 如图3—13所示，在角α的终边上取不同于点P的任意点（原点除外）时，角α的三角函数值会不会发生变化？
> （没变化）

以上三个式子都是以角α为自变量，以比值为函数值的函数，我们将这三个式子分别叫作角α的**正弦函数**、**余弦函数**、**正切函数**。它们都是三角函数，其中当角α的终边落在y轴上，即当$\alpha=k\pi+\dfrac{\pi}{2}$（$k\in\mathbf{Z}$）时，终边上任意点$P(x, y)$的纵坐标x=0，此时，$\tan\alpha$没有意义。

> **提示**
> 任意角的三角函数值与其终边上点P位置的选取无关。只要终边相同，其同名三角函数值相等。

由于$2k\pi+\alpha$（$k\in\mathbf{Z}$）表示的所有角的终边与角α的终边相同，根据任意角三角函数的定义，它们的同名函数值与α的函数值相等，即：

$\sin(2k\pi+\alpha)=\sin\alpha$（$k\in\mathbf{Z}$）

$\cos(2k\pi+\alpha)=\cos\alpha$（$k\in\mathbf{Z}$）

$\tan(2k\pi+\alpha)=\tan\alpha$（$k\in\mathbf{Z}$）

 相关链接

任意角三角函数值的符号

由任意角三角函数定义知道,三角函数值的符号是由角终边上点的坐标(x,y)决定。为方便记忆和便于查找,下面分别用表格形式(见表3—2)和在坐标系中表示的形式(见图3—14)总结任意角三角函数值的符号。

表3—2　　　任意角三角函数值在各象限的符号

三角函数	角α	第一象限角 $(x>0,y>0)$	第二象限角 $(x<0,y>0)$	第三象限角 $(x<0,y<0)$	第四象限角 $(x>0,y<0)$
$\sin\alpha=\dfrac{y}{r}$		+	+	−	−
$\cos\alpha=\dfrac{x}{r}$		+	−	−	+
$\tan\alpha=\dfrac{y}{x}$		+	−	+	−

图3—14中各象限显示的是取正值的函数,没有显示的函数在该象限取负值。例如:$\sin\alpha$在第二象限取正值,在第三象限取负值。

? 想一想
角的终边落在y的正半轴上,此时的正弦函数值是多少?
(正弦函数值为1)

我们还可以通过口诀来帮助记忆:
正弦一、二全为正,
余弦偏在一、四中,
正切函数却不同,
斜插一、三两象限。

图3—14

【例1】　如图3—15所示,已知角α的终边经过点$P(-4,3)$,求α的正弦、余弦及正切函数值。

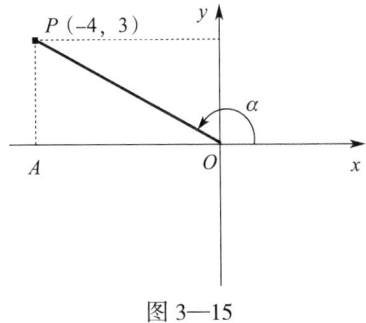

图 3—15

解：因为 $x=-4$，$y=3$，

所以 $r=\sqrt{(-4)^2+3^2}=5$

根据三角函数的定义可得：

$\sin\alpha=\dfrac{y}{r}=\dfrac{3}{5}$，$\cos\alpha=\dfrac{x}{r}=\dfrac{-4}{5}=-\dfrac{4}{5}$，

$\tan\alpha=\dfrac{y}{x}=\dfrac{3}{-4}=-\dfrac{3}{4}$。

【例2】 求下列各三角函数值。

（1）$\sin 420°$ （2）$\cos\left(-\dfrac{5\pi}{3}\right)$ （3）$\tan 750°$

解：（1）$\sin 420°=\sin(360°+60°)=\sin 60°=\dfrac{\sqrt{3}}{2}$；

（2）$\cos\left(-\dfrac{5\pi}{3}\right)=\cos\left(-2\pi+\dfrac{\pi}{3}\right)=\cos\dfrac{\pi}{3}=\dfrac{1}{2}$；

（3）$\tan 750°=\tan(2\times 360°+30°)=\tan 30°=\dfrac{\sqrt{3}}{3}$。

【例3】 确定下列各三角函数值的符号。

（1）$\sin 100°$ （2）$\cos 105°$ （3）$\tan 225°$

解：（1）因为角 100° 的终边落在第二象限，所以 $\sin 100°>0$；

（2）因为角 105° 的终边落在第二象限，所以 $\cos 105°<0$；

（3）因为角 225° 的终边落在第三象限，所以 $\tan 225°>0$。

【例4】 用弧度制表示以下各角。

（1）$-30°$ （2）$45°$ （3）$-150°$

解：（1）$-30°=-30\times\dfrac{\pi}{180}=-\dfrac{\pi}{6}$；

（2）$45°=45\times\dfrac{\pi}{180}=\dfrac{\pi}{4}$；

（3）$-150°=-150\times\dfrac{\pi}{180}=-\dfrac{5\pi}{6}$。

【例5】 用角度制表示以下各角。

（1）$\dfrac{2\pi}{3}$　　（2）$\dfrac{7\pi}{6}$　　（3）$-\dfrac{2\pi}{5}$

解：（1）$\dfrac{2\pi}{3}=\dfrac{2\pi}{3}\times\dfrac{180°}{\pi}=120°$；

（2）$\dfrac{7\pi}{6}=\dfrac{7\pi}{6}\times\dfrac{180°}{\pi}=210°$；

（3）$-\dfrac{2\pi}{5}=-\dfrac{2\pi}{5}\times\dfrac{180°}{\pi}=-72°$。

 实例解答

【例6】 解决"实例导入"中提出的问题。

解：将斜拉索与地面水平线形成的钝角α建立图3—16所示的平面直角坐标系，则角α终边上的点P的坐标是（-8，6），即$x=-8$，$y=6$，所以$r=\sqrt{(-8)^2+6^2}=10$。

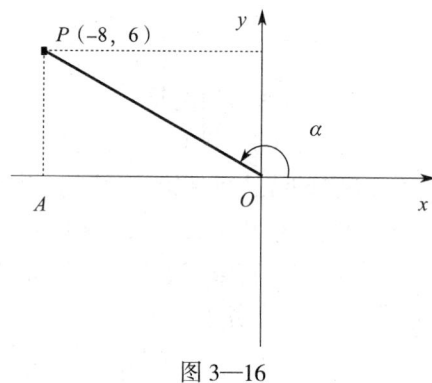

图3—16

根据任意角三角函数的定义可得钝角 α 的三个三角函数值为：

$$\sin\alpha = \frac{y}{r} = \frac{6}{10} = \frac{3}{5},$$

$$\cos\alpha = \frac{x}{r} = \frac{-8}{10} = -\frac{4}{5},$$

$$\tan\alpha = \frac{y}{x} = \frac{6}{-8} = -\frac{3}{4}。$$

拓展学习

科学计算器的型号比较多，下面以比较常见的型号为 SC118 的计算器为例，演示如何利用计算器求三角函数值。

使用计算器求任意角三角函数值时，角的单位可以是度，也可以是弧度，因此在计算三角函数值之前，必须选择相应的单位制度。

操作步骤：

（1）开机：按 $\boxed{\text{ON/C}}$ 键。

（2）选择模式：按 $\boxed{\text{2ndF}}$ $\boxed{\text{MODE}}$ $\boxed{0}$ 键选择通常模式。

（3）选择角的单位：按 $\boxed{\text{DRG}}$ 键可依次切换选择相应的单位制度。

DEG：角度
RAD：弧度
GRAD：梯度

（4）计算任意角的三角函数值。

例题	按键操作	显示结果
sin265°	sin 2 6 5 =	−0.996 194 698
cos(−520°)	cos (+/− 5 2 0) =	−0.939 692 62

续表

例题	按键操作	显示结果
tan75°	tan 7 5 =	3.732 050 808
$\sin\dfrac{3\pi}{5}$	sin (3 π ÷ 5) =	0.951 056 516
$\cos\dfrac{9\pi}{4}$	cos (9 π ÷ 4) =	0.707 106 781
$\tan(-\dfrac{7\pi}{5})$	tan (+/- 7 π ÷ 5) =	–3.077 683 537
sin2	sin 2 =	0.909 297 426
tan(-3)	tan (+/- 3) =	–0.142 546 543

科学计算器的型号不同，其使用方法会略有差异，所以使用前应仔细阅读说明书。

 思考与体验

1. 如图 3—17 所示，已知角 α 的终边经过点 $P(-5, -12)$，求 α 的正弦、余弦及正切函数值。

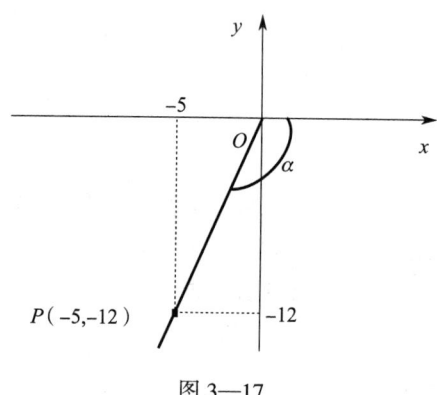

图 3—17

2. 求下列各三角函数值。

（1）cos420°　　（2）$\sin\dfrac{11\pi}{6}$　　（3）tan405°

3. 确定下列各三角函数值的符号。
（1）sin120°　（2）cos135°　（3）tan240°

二、同角三角函数的基本关系

 实例导入

　　A、B、C 三村位置如图 3—18 所示。已知 B 村与 C 村相距 5 千米，A 村与 B 村的垂直距离 AD 为 $3\sqrt{3}$ 千米，A 村到 B 村的方向与 A 村到 B 村的垂直距离所成的角 $\angle BAD=30°$，如果用 α 表示 C 村到 A 村方向与 C 村到 B 村方向所成的角，那么，你能求出 $\sin\alpha$、$\cos\alpha$、$\tan\alpha$ 吗？

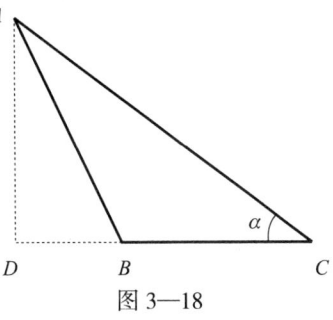

图 3—18

 知识学习

　　上一节我们学习了任意角三角函数的有关知识，现在应用任意角三角函数的定义，一起来观察与角 α 有关的三角函数，即 $\sin\alpha$、$\cos\alpha$、$\tan\alpha$ 之间有什么关系。

　　由定义 $\sin\alpha=\dfrac{y}{r}$、$\cos\alpha=\dfrac{x}{r}$、$\tan\alpha=\dfrac{y}{x}$，

　　得　$\sin^2\alpha+\cos^2\alpha=\left(\dfrac{y}{r}\right)^2+\left(\dfrac{x}{r}\right)^2=\dfrac{x^2+y^2}{r^2}$

　　又　$r=\sqrt{x^2+y^2}$，即 $r^2=x^2+y^2$ 代入上式得

　　$\sin^2\alpha+\cos^2\alpha=\dfrac{x^2+y^2}{r^2}=1$

　　同理 $\dfrac{\sin\alpha}{\cos\alpha}=\dfrac{\frac{y}{r}}{\frac{x}{r}}=\dfrac{y}{x}=\tan\alpha$。

> **？想一想**
> $\sin^2\alpha$ 与 $(\sin\alpha)^2$ 以及 $\sin\alpha^2$ 三者之间的关系相等吗？
> 〔一般情况下，$\sin^2\alpha=(\sin\alpha)^2\neq\sin\alpha^2$〕

从而得到同角三角函数关系的两个基本公式：

（1）平方关系：$\sin^2\alpha+\cos^2\alpha=1$。

（2）商数关系：$\dfrac{\sin\alpha}{\cos\alpha}=\tan\alpha$。

上述两个公式是同角三角函数关系中最基本的公式，利用它们可以对三角函数式进行化简、求值，或由一个角的已知三角函数值，求这个角的其他三角函数值。

【例1】已知 $\sin\alpha=\dfrac{3}{5}$，且 α 在第二象限，求 $\cos\alpha$ 和 $\tan\alpha$。

解：由 $\sin^2\alpha+\cos^2\alpha=1$

得 $\cos^2\alpha=1-\sin^2\alpha=1-\left(\dfrac{3}{5}\right)^2=\dfrac{16}{25}$，

因为 α 是第二象限角，$\cos\alpha<0$，

所以 $\cos\alpha=-\sqrt{\dfrac{16}{25}}=-\dfrac{4}{5}$，

$\tan\alpha=\dfrac{\sin\alpha}{\cos\alpha}=\dfrac{\dfrac{3}{5}}{-\dfrac{4}{5}}=-\dfrac{3}{4}$。

> **？想一想**
> 还有没有其他方法求例2中式子的值？
> （试试：分子分母同时除以 $\cos\alpha$）

【例2】$\tan\alpha=2$，求 $\dfrac{\sin\alpha-\cos\alpha}{\sin\alpha+\cos\alpha}$ 的值。

解：由 $\tan\alpha=2$

得 $\sin\alpha=2\cos\alpha$，

代入得 $\dfrac{\sin\alpha-\cos\alpha}{\sin\alpha+\cos\alpha}=\dfrac{2\cos\alpha-\cos\alpha}{2\cos\alpha+\cos\alpha}=\dfrac{\cos\alpha}{3\cos\alpha}=\dfrac{1}{3}$。

 实例解答

【例3】解决"实例导入"中提出的问题。

解：在图3—18所示的 $Rt\triangle ADB$ 中，由 $\tan 30°=\dfrac{DB}{AD}$，

得　$DB = AD\tan 30° = 3\sqrt{3} \times \dfrac{\sqrt{3}}{3} = 3$（千米），

所以　$DC = DB + BC = 8$（千米），

在 Rt△ADC 中，$\tan\alpha = \dfrac{AD}{DC} = \dfrac{3\sqrt{3}}{8}$，

即　$\dfrac{\sin\alpha}{\cos\alpha} = \dfrac{3\sqrt{3}}{8}$，$\sin\alpha = \dfrac{3\sqrt{3}}{8}\cos\alpha$，

代入　$\sin^2\alpha + \cos^2\alpha = 1$，

解得　$\cos\alpha = \dfrac{8}{\sqrt{91}}$，

$\sin\alpha = \tan\alpha\cos\alpha = \dfrac{3\sqrt{3}}{8} \times \dfrac{8}{\sqrt{91}} \times \dfrac{3\sqrt{3}}{\sqrt{91}}$。

相关链接

三角函数的简化公式

在求任意角三角函数值的问题上，我们经常会遇到求 $-\alpha$、$\pi-\alpha$、$\pi+\alpha$、$2\pi-\alpha$ 等形式的角的三角函数，它们与角 α 的三角函数有着密切的联系，下面给出若干组用角 α 的三角函数表示这些角的三角函数的简化公式。

1. 角 $-\alpha$ 的简化公式：

$\sin(-\alpha) = -\sin\alpha$

$\cos(-\alpha) = \cos\alpha$

$\tan(-\alpha) = -\tan\alpha$

2. 角 $\pi-\alpha$ 的简化公式：

$\sin(\pi-\alpha) = \sin\alpha$

$\cos(\pi-\alpha) = -\cos\alpha$

$\tan(\pi-\alpha) = -\tan\alpha$

3. 角 $\pi+\alpha$ 的简化公式：

$\sin(\pi+\alpha) = -\sin\alpha$

$\cos(\pi+\alpha) = -\cos\alpha$

$\tan(\pi+\alpha)=\tan\alpha$

4. 角 $2\pi-\alpha$ 的简化公式：

$\sin(2\pi-\alpha)=-\sin\alpha$

$\cos(2\pi-\alpha)=\cos\alpha$

$\tan(2\pi-\alpha)=-\tan\alpha$

拓展学习

$\sin^2\alpha$、$(\sin\alpha)^2$ 以及 $\sin\alpha^2$ 三者之间的关系

在计算任意角的三角函数值时，我们经常会遇到这些符号，下面一起来验算。

因为 $(\sin\alpha)^2=\sin\alpha\sin\alpha$，如果规定 $\sin^2\alpha$ 是 $(\sin\alpha)^2$ 的简写形式，那么有 $\sin^2\alpha=(\sin\alpha)^2$。而 $\sin^2\alpha$ 是否等于 $\sin\alpha^2$ 呢？

取特殊值 $\alpha=30°$ 分别代入 $\sin^2\alpha$ 和 $\sin\alpha^2$，

得 $\sin^2\alpha=\sin^2 30°=\sin 30°\sin 30°=\dfrac{1}{2}\times\dfrac{1}{2}=\dfrac{1}{4}$，

$\sin\alpha^2=\sin(30°)^2=\sin 900°=\sin(2\times 360°+180°)=\sin 180°=0$，

由 $\dfrac{1}{4}\neq 0$ 可知，$\sin^2\alpha\neq\sin\alpha^2$，

所以 $\sin^2\alpha=(\sin\alpha)^2\neq\sin\alpha^2$。

请同学们继续验证 $\cos^2\alpha$、$(\cos\alpha)^2$、$\cos\alpha^2$ 以及 $\tan^2\alpha$、$(\tan\alpha)^2$、$\tan\alpha^2$ 是否也有同样的结论。

思考与体验

1. 已知 $\cos\alpha=-\dfrac{3}{5}$，且 α 是第三象限角，求 $\sin\alpha$、$\tan\alpha$ 的值。

2. 化简式子：$1-\sin^2\alpha-\cos^2\alpha=(\quad)$。
A. 1　　　　　　B. 0　　　　　　C. 2　　　　　　D. -1

3. 已知 $\sin\alpha=\dfrac{4}{5}$，且 α 是第二象限角，求 $\cos\alpha$、$\tan\alpha$ 的值。

三、正弦函数 $y=\sin x$ 的图像和性质

将塑料瓶底部扎一个小孔做成一个漏斗，再挂在架子上，做成一个简易单摆。在漏斗下方放一块纸板，板的中间画一条虚线，把漏斗灌上细沙并拉离平衡位置，放手使它摆动，同时匀速拉动纸板，这样就可以在纸板上得到一条细线。它就是简谐运动的图像，专业技术人员称之为"正弦曲线"。已知某一单摆下的正弦曲线如图3—19所示，你能根据图像尺寸写出正弦曲线的函数解析式吗？

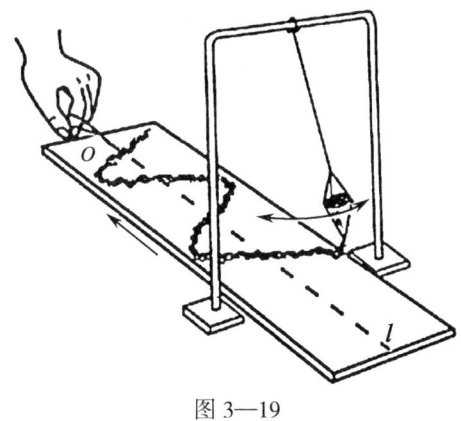

图 3—19

我们来试试用描点法作正弦函数 $y=\sin x$，$x\in[0,2\pi]$ 的图像。

（1）列表：在 $x\in[0,2\pi]$ 范围内适当选取 x 值，计算出与之对应的 y 值，填入下表。

x	0	$\dfrac{\pi}{6}$	$\dfrac{\pi}{3}$	$\dfrac{\pi}{2}$	$\dfrac{2\pi}{3}$	$\dfrac{5\pi}{6}$	π	$\dfrac{7\pi}{6}$	$\dfrac{4\pi}{3}$	$\dfrac{3\pi}{2}$	$\dfrac{5\pi}{3}$	$\dfrac{11\pi}{6}$	2π
y	0	0.5	0.87	1	0.87	0.5	0	−0.5	−0.87	−1	−0.87	−0.5	0

> **提示**
> 用描点法画函数图像的步骤是：
> （1）列表；
> （2）描点；
> （3）连线。

（2）描点：以表中每一对 x、y 的值为点的坐标在平面直角坐标系中描点。

请同学们在图 3—20 中描点。

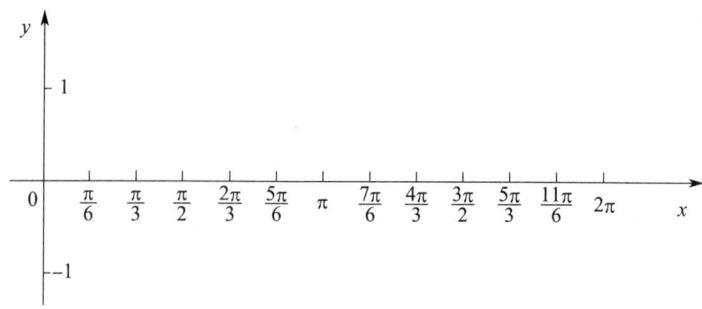

图 3—21

（3）连线：用平滑的曲线将点依次连接起来，就得到正弦函数 $y=\sin x$，$x\in[0,2\pi]$ 的图像（见图 3—21）。

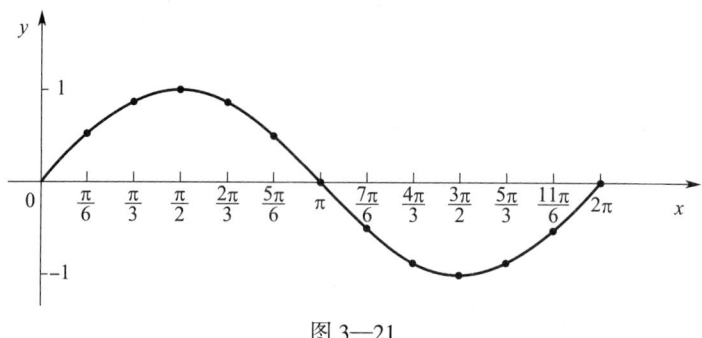

图 3—21

观察图 3—21 可知，正弦函数 $y=\sin x$，$x\in[0,2\pi]$ 图像的形状与下面的五个点密切相关：

$$(0,0),\ \left(\frac{\pi}{2},1\right),\ (\pi,0),\ \left(\frac{3\pi}{2},-1\right),\ (2\pi,0)$$

也就是描出这五个点就可以确定图像的形状。因此，当图像精确度要求不高时，只要找出这五个点就可以进行描点作图了，这种作图法称为**五点作图法**。

已由任意角三角函数定义获知，终边相同的角的正弦函数值是相等的，所以，正弦函数 $y=\sin x$ 的图像在区间…$[-4\pi,-2\pi]$、

[-2π, 0]、[2π, 4π]…与在区间[0, 2π]的形状是一样的，只是位置不同。因此，我们把正弦函数 $y=\sin x$ 在区间[0, 2π]上的图像向左或向右分别平移 2π、4π…个单位，就得到正弦函数 $y=\sin x$ 在 $x\in(-\infty, +\infty)$ 上的图像，如图 3—22 所示（正弦曲线）。

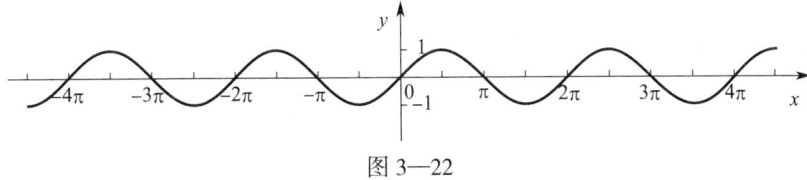

图 3—22

观察图 3—22 的图像特征，我们可以得到正弦函数 $y=\sin x$ 的性质：

（1）定义域和值域

定义域：$x\in(-\infty, +\infty)$；

值域：$y\in[-1, 1]$。

（2）奇偶性

正弦函数 $y=\sin x (x\in \mathbf{R})$ 是奇函数，图像关于原点对称。

（3）周期性

正弦函数 $y=\sin x (x\in \mathbf{R})$ 是周期函数，如果用 T 表示它的周期，那么 $T=2\pi$ 为函数 $y=\sin x (x\in \mathbf{R})$ 的最小正周期。如没有特别说明，周期一般都是指最小正周期。

（4）单调性

观察正弦函数在一个周期 $[-\dfrac{\pi}{2}, \dfrac{3\pi}{2}]$ 上的图像特征，可得如下结论：

x	$[-\dfrac{\pi}{2}, \dfrac{\pi}{2}]$	$[\dfrac{\pi}{2}, \dfrac{3\pi}{2}]$
$y=\sin x$	递增	递减

同理，正弦函数在其他区间上的单调性，可以由正弦曲线直观地作出判断。

【例1】 已知函数 $y=\sin x$（$x\in\mathbf{R}$），当 x 取什么值时，y 取得最大值？当 x 取什么值时，y 取得最小值？

解：通过观察图 3—21 可知，当 $x=\dfrac{\pi}{2}+2k\pi$（$k\in\mathbf{Z}$）时，正弦函数 $y=\sin x$ 取得最大值 1；当 $x=\dfrac{3\pi}{2}+2k\pi$（$k\in\mathbf{Z}$）时，正弦函数 $y=\sin x$ 取得最小值 -1。

> **？想一想**
>
> 正弦函数 $y=\sin x$ 在区间 $\left[-\dfrac{3\pi}{2},-\dfrac{\pi}{2}\right]$ 上单调递增还是单调递减？
>
> （单调递减）

【例2】 判断正弦函数 $y=\sin x$ 在区间 $\left[\dfrac{3\pi}{2},\dfrac{5\pi}{2}\right]$ 上的单调性。

解：通过观察图 3—22 可知，当 x 由 $\dfrac{3\pi}{2}$ 增大到 $\dfrac{5\pi}{2}$ 时，曲线逐渐上升，函数 $y=\sin x$ 的值由 -1 增大到 1，所以函数 $y=\sin x$ 在区间 $\left[\dfrac{3\pi}{2},\dfrac{5\pi}{2}\right]$ 上单调递增。

 实例解答

【例3】 解决"实例导入"中提出的问题。

解：如果将正弦曲线建立如图 3—23 所示的平面直角坐标系，就得到函数的解析式是：$y=\sin x$，$x\in[0,2\pi]$。

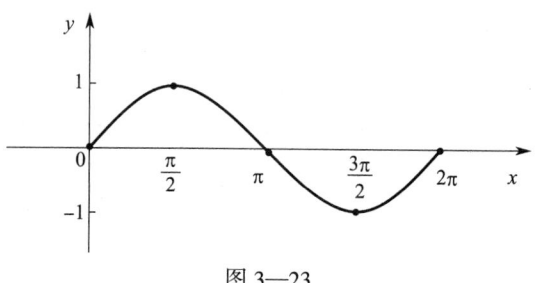

图 3—23

如果将正弦曲线向左平移 $\dfrac{\pi}{2}$ 个单位长度，就得到余弦曲线（见图 3—24），其解析式是：$y=\cos x$，$x\in\left[-\dfrac{\pi}{2},\dfrac{3\pi}{2}\right]$。

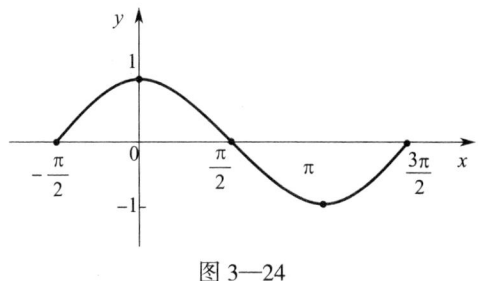

图 3—24

拓展学习

周期现象是自然科学和日常生活中常见的现象，从地球、月亮到分子、原子都具备做周而复始运动的特点；每年的春、夏、秋、冬四季在循环不断地到来。例如我们平常所说的一个星期有 7 天，经过了第一个周一到周日，又继续循环经过第二个周一到周日……，也就是以星期为周期的天数有 7 天、14 天、21 天……，而 7 是其最小正周期。在数学上是如何描述周期性的呢？

设函数 $y=f(x)$，如果存在常数 $T \neq 0$，使得有 $f(x+T)=f(x)$ 成立，那么就称函数 $y=f(x)$ 为周期函数，T 则称为函数 $y=f(x)$ 的周期。

利用周期函数的定义，你能判断余弦函数 $y=\cos x$ $(x \in R)$ 是不是周期函数吗？

 思考与体验

1. 判断对错。

（1）若 $x=\dfrac{\pi}{6}$，则 $\sin x=\dfrac{1}{2}$。（   ）

（2）若 $\sin x=\dfrac{1}{2}$，则 $x=\dfrac{\pi}{6}$。（   ）

（3）因为函数 $y=\sin x$ 的最大值是 1，所以方程 $\sin x=1.5$ 无解。（   ）

2. 利用函数的单调性比较大小：$\sin\dfrac{\pi}{6}$ _____ sin1（填＜或＞）。

3. 用"五点作图法"作正弦函数 $y=\sin x$，$x\in[0,2\pi]$ 的图像时，五点坐标依次是：

（0，0），_____，（π，0），_____，（2π，0）。

第三讲　解三角形

一、解直角三角形

实例导入

下面是一幅小河的图片，你想知道小河有多宽吗？想了解计算河流宽度的方法吗？学习了本课，你就知道了。

图3—25

在三角形中,由已知的三个元素求另外的三个元素,通常称为解三角形。在生产一线和日常生活中,人们经常会遇到解三角形的问题。

由于直角三角形已经有一个角是直角,因此,解直角三角形时,除直角以外的 5 个元素,如果知道其中的 2 个元素(至少有一条边),就能解这个直角三角形了。

先一起来复习直角三角形元素间的关系,如图 3—26 所示。

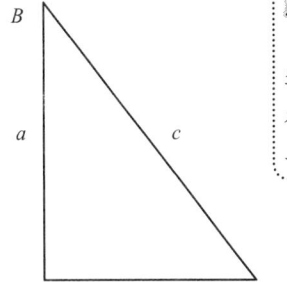

图 3—26

> **提示**
>
> 三角形的三条边、三个角统称为元素,也就是说,三角形有 6 个元素。

(1)三边之间的关系(勾股定理):$a^2+b^2=c^2$
(2)两锐角之间的关系(互余):$\angle A+\angle B=90°$
(3)边角之间的关系:

$$\sin A = \frac{a}{c}$$

$$\cos A = \frac{b}{c}$$

$$\tan \alpha = \frac{a}{b}$$

为了方便解题,现将解直角三角形的方法归类,见表 3—3。

表 3—3

已知		图形	求解
两边	两条直角边		$c=\sqrt{a^2+b^2}$ 由 $\sin A = \dfrac{a}{c}$ 得 $\angle A$ $\angle B = 90° - \angle A$

续表

已知		图形	求解
两边	一条直角边和斜边（如a,c）		$b=\sqrt{c^2-a^2}$ 由$\sin A=\dfrac{a}{c}$得$\angle A$ $\angle B=90°-\angle A$
一边一角	斜边和一个锐角（如$c,\angle A$）		由$\sin A=\dfrac{a}{c}$得$a=c\sin A$ 由$\cos A=\dfrac{b}{c}$得$b=c\cos A$ $\angle B=90°-\angle A$
	一条直角边和一个锐角（如$b,\angle A$）		$\angle B=90°-\angle A$ 由$\tan A=\dfrac{a}{b}$得$a=b\tan A$ $\cos A=\dfrac{b}{c}$得$c=\dfrac{b}{\cos A}$

【例1】 在Rt$\triangle ABC$中，$\angle C$是直角，$\angle A=60°$，$b=\dfrac{\sqrt{3}}{3}$，解这个三角形。

解：（1）$\angle B=90°-\angle A=30°$；

（2）由$\tan A=\dfrac{a}{b}$得$a=b\tan A=\dfrac{\sqrt{3}}{3}\times\sqrt{3}=1$；

（3）由$\cos A=\dfrac{b}{c}$得$c=\dfrac{b}{\cos A}=\dfrac{\dfrac{\sqrt{3}}{3}}{\dfrac{1}{2}}=\dfrac{2\sqrt{3}}{3}$。

【例2】 在Rt$\triangle ABC$中，$\angle C=90°$，$c=8$，$a=4$，解这个直角三角形。

解：（1）$b=\sqrt{c^2-a^2}=\sqrt{64-16}=4\sqrt{3}$；

（2）由 $\sin A=\dfrac{a}{c}$ 得 $\sin A=\dfrac{1}{2}$，所以 $\angle A=30°$；

（3）$\angle B=90°-\angle A=60°$。

 **实例解答**

【例3】解决"实例导入"中提出的问题。

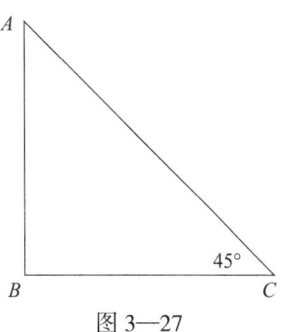

图 3—27

分析：求小河宽度，应用解直角三角形知识即可解决。为了测量小河的宽度，我们可以在河的同一岸边选择 B、C 两点，在河对岸选择一个目标点 A（见图 3—27），使 $AB\perp BC$，并测得 $\angle ACB=45°$，$BC=30$（米），那么 AB 就是所求小河的宽度。

解：在 $Rt\triangle ABC$ 中，由 $\tan C=\dfrac{AB}{BC}$

得 $\tan 45°=\dfrac{AB}{30}$，

所以 $AB=30\tan 45°=30$（米）。

答：河宽约 30 米。

? 想一想

等腰直角三角形的两条直角边有何关系？

（相等）

 **拓展学习**

在上面的例3中，我们解决了一个求河流宽度的实际问题。那么，测得河流一岸的相关数据，是否都能求出小河的宽度呢？回答是肯定的。下面试试推导一个计算河流宽度的公式。

方法是：在河的岸边选择 B、C 两点，在对岸选择一个目标点 A（见图3—28），测得 $\angle ABC=\alpha$，$\angle ACB=\beta$，$BC=m$，过点 A 作 $AD\perp BC$，垂足为 D，则 AD 为所求小河的宽度。接下来应用解直角三角形知识，完成下面的填空，就能得到求河流宽度的一般公式了。

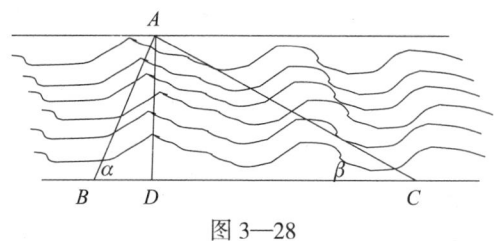

图 3—28

在 Rt△ADB 中，由 $\tan\alpha = \dfrac{AD}{BD}$，得 BD= _____，

在 Rt△ADC 中，由 $\tan\beta = \dfrac{AD}{DC}$，得 DC= _____，

由于 BC=BD+DC=m，于是 _____ + _____ =m，

所以，AD= _____ 为所求河流的宽度。

（河流的宽度为 $\dfrac{\tan\alpha\,\tan\beta}{\tan\alpha+\tan\beta}\times m$）

 思考与体验

1. 在 Rt△ABC 中，∠C=90°，a=5，b=12，则 c= _____，sinA= _____。

2. 在 Rt△ABC 中，已知∠C=90°，∠A=45°，b=$\sqrt{2}$，试解这个直角三角形。

3. 已知△ABC 的三边长分别是 a=9，b=40，c=41，则△ABC 是（　　）。

　　A. 锐角三角形　　　　　B. 直角三角形
　　C. 钝角三角形　　　　　D. 无法确定

二、解任意三角形

 实例导入

我们应用上一节的知识解决了求河流宽度的问题，但是面对很

多实际问题，仅有解直角三角形的知识是不够的。例如，还是有关河流测量的问题，想知道分布在河两岸的任意两点 A、B 的距离（见图3—29），在不解直角三角形的前提下，有没有更简便快捷的方法呢？回答是肯定的，下面先来学习解决问题的方法和工具。

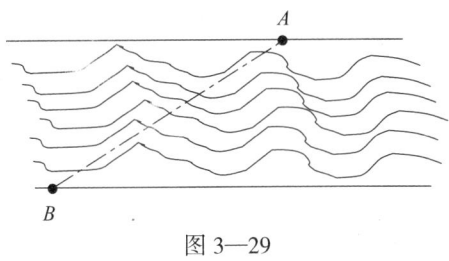

图 3—29

我们已经学习过如何解直角三角形，那么，当三角形不是直角三角形时能不能解？回答是肯定的。为此，我们先来学习两个定理——正弦定理和余弦定理。

正弦定理：在一个三角形（见图3—30）中，各边和它所对的角的正弦的比值都相等，即 $\dfrac{a}{\sin A} = \dfrac{b}{\sin B} = \dfrac{c}{\sin C}$。

> **提示**
> 正弦定理在实际应用时，常分化为三个等式：$\dfrac{a}{\sin A} = \dfrac{b}{\sin B}$，$\dfrac{b}{\sin B} = \dfrac{c}{\sin C}$，$\dfrac{a}{\sin A} = \dfrac{c}{\sin C}$。

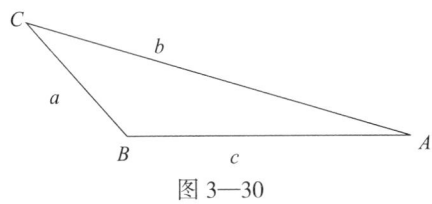

图 3—30

利用正弦定理可以解决以下两类有关三角形的问题。

（1）已知两角和任一边，求其他两边和一角；

（2）已知两边和其中一边所对的角，求另一边的对角，从而求出剩下的一边和一角。

余弦定理：三角形中任一边的平方等于其他两边的平方和减去这两边与其夹角余弦的积的2倍。用式子表示是：

$$a^2=b^2+c^2-2bc\cos A$$
$$b^2=c^2+a^2-2ac\cos B$$
$$c^2=a^2+b^2-2ab\cos C$$

利用余弦定理可以解决以下两类有关三角形的问题。

（1）已知三边，求三个角；

（2）已知两边和它们的夹角，求第三边和其他两个角。

 相关链接

用三角函数表示三角形的面积

如图 3—31 所示，h 是 $\triangle ABC$ 的 AB 边上的高，$AB=c$，因为 $\triangle ABC$ 的面积 $S=\dfrac{1}{2}ch$，又在 $\text{Rt}\triangle ADC$ 中，$h=b\sin A$。

所以 $S=\dfrac{1}{2}cb\sin A$，同理，$S=\dfrac{1}{2}ac\sin B$，$S=\dfrac{1}{2}cb\sin C$，

由此得到 $S=\dfrac{1}{2}bc\sin A=\dfrac{1}{2}ac\sin B=\dfrac{1}{2}ab\sin C$。

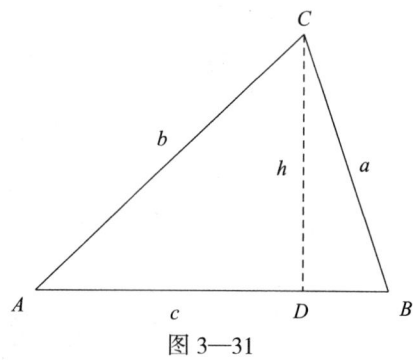

图 3—31

上式即为 $\triangle ABC$ 的面积公式。

也就是说，三角形的面积等于任意两边及其夹角正弦值的积的一半。

【例1】 在 $\triangle ABC$ 中，已知 $c=10$，$\angle A=30°$，$\angle B=120°$，求 a、

b 和 $\angle C$。

解：在 $\triangle ABC$ 中，由三角形内角和等于 $180°$，可得

$\angle C=180°-(\angle A+\angle B)=180°-(30°+120°)=30°$

所以 $\angle C=\angle A$，$a=c=10$。

由正弦定理 $\dfrac{b}{\sin B}=\dfrac{c}{\sin C}$，得 $\dfrac{b}{\sin 120°}=\dfrac{10}{\sin 30°}$，

所以 $b=20\cdot\sin 120°=20\times\dfrac{\sqrt{3}}{2}=10\sqrt{3}$。

> **? 想一想**
> 在 $\triangle ABC$ 中，习惯上，$\angle A$、$\angle B$、$\angle C$ 的对边分别用它们的什么字母表示？
> （用相应的小写字母表示）

【**例 2**】 在 $\triangle ABC$ 中，已知：$a=5$，$b=6$，$c=9$，求 $\angle A$、$\angle B$、$\angle C$。

解：由余弦定理 $a^2=b^2+c^2-2bc\cos A$，

得 $\cos A=\dfrac{b^2+c^2-a^2}{2bc}=\dfrac{6^2+9^2-5^2}{2\times 6\times 9}\approx 0.85185$，

$\angle A=31.59°=31°35'11''$。

同理有

$\cos B=\dfrac{c^2+a^2-b^2}{2ac}=\dfrac{9^2+5^2-6^2}{2\times 5\times 9}\approx 0.77777$，

$\angle B=38.94°=38°56'33''$。

$\cos C=\dfrac{a^2+b^2-c^2}{2ab}=\dfrac{5^2+6^2-9^2}{2\times 5\times 6}\approx -0.33333$，

$\angle C=109.47°=109°28'16''$。

> **? 想一想**
> 在 $\triangle ABC$ 中，已知三边，求出 $\angle A$ 后，能不能用正弦定理求 $\angle B$ 和 $\angle C$？
> （可用正弦定理求 $\angle B$，再应用三角形内角和定理求 $\angle C$）

【**例 3**】 在 $\triangle ABC$ 中，已知 $\angle A=45°$，$\angle B=75°$，$c=6$，求 a 和 $\triangle ABC$ 的面积。

解：由三角形内角和等于 $180°$，

得 $\angle C=180°-(\angle A+\angle B)=180°-(45°+75°)=60°$，

应用正弦定理 $\dfrac{a}{\sin A}=\dfrac{c}{\sin C}$，

得 $a=\dfrac{c\sin A}{\sin C}=\dfrac{6\sin 45°}{\sin 60°}=\dfrac{6\times\dfrac{\sqrt{2}}{2}}{\dfrac{\sqrt{3}}{2}}=2\sqrt{6}$，

所以，△ABC 的面积是 $S=\frac{1}{2}ac\sin B=\frac{1}{2}\times 2\sqrt{6}\times 6\times\sin 75°=$
$6\sqrt{6}\times\frac{\sqrt{6}+\sqrt{2}}{4}=9+3\sqrt{3}$。

 **实例解答**

【例4】 解决"实例导入"中提出的问题。

为了求得在河两岸的任意两点 A、B 的距离，如图3—32所示，测量技术人员在点 B 的同一岸选择一点 C，并测得 $BC=55$（米），$\angle ABC=45°$，$\angle ACB=75°$，那么，求 A、B 的距离就是已知两角和任一边，解三角形的问题（精确到1米）。

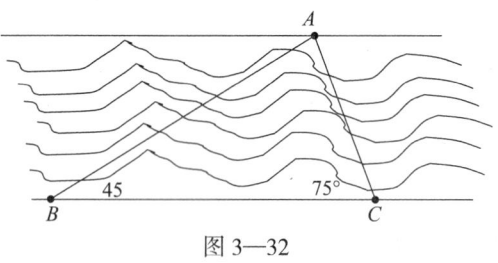

图3—32

解：由三角形内角和等于180°，可得 $\angle BAC=180°-\angle ABC-\angle ACB=180°-45°-75°=60°$。在 △ABC 中，由正弦定理得

$$\frac{BC}{\sin A}=\frac{AB}{\sin C}$$

所以 $AB=\dfrac{BC\sin C}{\sin A}=\dfrac{55\sin 75°}{\sin 60°}=\dfrac{55(3\sqrt{2}+\sqrt{6})}{6}$

$=\dfrac{165\sqrt{2}+55\sqrt{6}}{6}\approx 61.34$。

答：河两岸的任意两点 A、B 的距离约为61米。

 **拓展学习**

在解任意三角形时，如果已知两边和其中一边的对角，求另一

边的对角，可能有两种情况的解出现：（1）如果已知条件中的角是钝角，那么所求的角一定是锐角，其解是唯一的；（2）当已知条件中的角是锐角时，那么所求的角就不唯一了，此时，三角形可有两组解。

【例1】 在 $\triangle ABC$ 中，已知 $a=2$，$b=65$，$\angle B=140°$，解三角形。

分析：因为 $\angle B$ 是钝角，根据三角形的内角和等于 $180°$，$\angle A$、$\angle C$ 一定是锐角，此时，三角形的解是唯一的。

【例2】 在 $\triangle ABC$ 中，已知 $a=15$，$c=40$，$\angle A=21°06'$，解三角形。

分析：因为 $\angle A$ 是锐角，根据三角形的内角和等于 $180°$，所求的另外两角有可能是锐角，也有可能是钝角，因此，其解有两种情况出现：

首先由正弦定理 $\dfrac{a}{\sin A} = \dfrac{c}{\sin C}$，

得 $\dfrac{15}{\sin 21°06'} = \dfrac{40}{\sin C}$，

即 $\sin C = \dfrac{40 \sin 21°06'}{15} \approx 0.96$。

在 $0°\sim180°$ 之间，满足 $\sin C=0.96$ 的角有两个（见图3—33），它们分别是 $C_1=73°44'$ 和 $C_2=180°-73°44'=106°16'$。

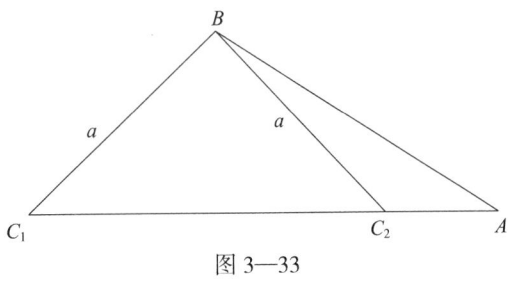

图3—33

所以，

$\angle B_1=180°-(\angle A+\angle C_1)=180°-(21°06'+73°44')=85°10'$，

$\angle B_2=180°-(\angle A+\angle C_2)=180°-(21°06'+106°16')=52°38'$；

又由正弦定理 $\dfrac{b_1}{\sin B_1} = \dfrac{a}{\sin A}$，$\dfrac{b_2}{\sin B_2} = \dfrac{a}{\sin A}$，

得 $b_1 = \dfrac{a\sin B_1}{\sin A} = \dfrac{15\sin 85°10'}{\sin 21°06'} = \dfrac{15 \times 0.9965}{0.3600} \approx 41.50$，

$b_2 = \dfrac{a\sin B_2}{\sin A} = \dfrac{15\sin 52°38'}{\sin 21°06'} = \dfrac{15 \times 0.7948}{0.3600} \approx 33.12$。

因此，满足条件的解是：

（1）$\angle B = 85°10'$，$\angle C = 73°44'$，$b = 41.50$；

（2）$\angle B = 52°38'$，$\angle C = 106°16'$，$b = 33.12$。

 **思考与体验**

1. 在 △ABC 中，已知 $\angle A = 45°$，$\angle B = 75°$，$c = 6$，求 a、b 和 $\angle C$。
2. 在 △ABC 中，若 $\angle A = 41°$，$b = 60$，$c = 34$，则 $a = $ ＿＿＿＿＿＿＿。
3. 在 △ABC 中，若 $a = 7$，$b = 3$，$c = 8$，则 $\angle A = $ ＿＿＿＿＿＿＿。

第四章 直线和圆的方程

　　以往，在研究平面几何问题的过程中，我们主要是通过几何图形的点、线关系，采取抽象的推理论证方法来达到研究几何图形性质的目的。现在，我们将采用另外一种研究方法，就是以平面直角坐标系为桥梁，把平面几何问题转化为代数问题，通过代数运算来研究几何图形性质。本章利用平面直角坐标系，分别建立直线的方程、圆的方程，通过方程研究这些几何图形的有关性质。

　　平面直角坐标系的出现，使平面几何的研究进程产生了飞跃，让我们给直线和圆插上方程的"翅膀"吧！

第一讲　直线的方程

一、直线的倾斜角、斜率

图 4—1

一个商场停车库的出入口设置了栏杆。已知一货车从停车库驶出，经过出口时，栏杆一端向上移动的方向应与水平方向垂直才能保证货车安全通过；而当一辆小车经过出口时，栏杆一端向上移动的方向与水平方向所成的角度只要不少于 60° 即可保证小车安全通过。那么，在同一平面直角坐标系中，我们能用什么方法表示两种情况下栏杆所在直线与水平位置之间的关系呢？

我们知道，在平面直角坐标系中，点的位置是用有序实数对 (x, y) 表示，而对于直线又如何表示呢？为了解决这个问题，我们

先来认识一些概念。

在平面直角坐标系中，当直线 l 与 x 轴相交时，x 轴正方向与直线向上方向之间所成的角 α 叫作直线 l 的**倾斜角**，如图 4—2 所示。

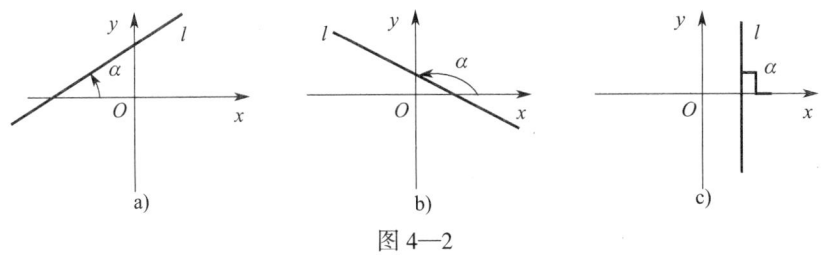

图 4—2

当直线 l 与 x 轴平行或者重合时，我们规定它的倾斜角为 $0°$，如图 4—3 所示。

因此，直线倾斜角的取值范围是：$0° \leq \alpha < 180°$，或写作 $\alpha \in [0, \pi)$。规定直线倾斜角 α 的正切值叫作直线 l 的**斜率**，通常用小写字母 k 表示。即：

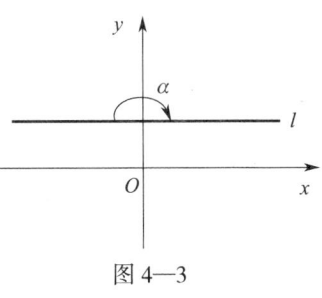

图 4—3

$$k = \tan\alpha \ (\alpha \neq 90°)$$

由直线倾斜角范围及正切函数知识，我们可以得到直线倾斜角 α 与斜率 k 之间的关系，有如下四种情况：

当直线平行（或重合）于 x 轴时，$\alpha = 0° \Leftrightarrow k = 0$；

当直线的倾斜角是锐角时，$0° < \alpha < 90° \Leftrightarrow k > 0$；

当直线垂直于 x 轴时，$\alpha = 90° \Leftrightarrow k$ 不存在；

当直线的倾斜角是钝角时，$90° < \alpha < 180° \Leftrightarrow k < 0$。

直线的斜率不但可以通过直线的倾斜角获取，而且，当给定直线上两点的坐标时，同样可以求得直线的斜率。因此有：

经过两点 $p_1(x_1, y_1)$，$p_2(x_2, y_2)$ $(x_1 \neq x_2)$ 的直线（见图 4—4）的**斜率公式**为

$$k = \frac{y_2 - y_1}{x_2 - x_1}$$

> **？想一想**
> 直线的斜率公式 $k=\dfrac{y_2-y_1}{x_2-x_1}$ 可以写成 $k=\dfrac{y_1-y_2}{x_1-x_2}$ 吗？

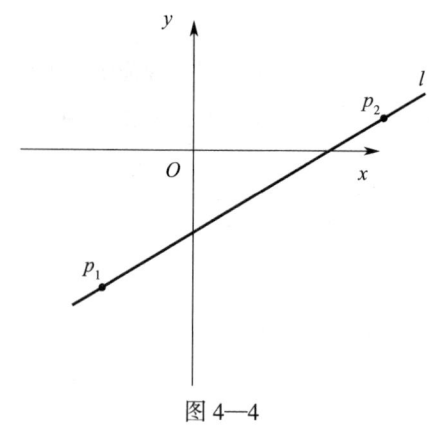

图 4—4

 **相关链接**

线段的中点坐标公式

设线段 p_1p_2 两端点的坐标分别为 $p_1(x_1,y_1)$ 和 $p_2(x_2,y_2)$，点 $p(x,y)$ 是线段 p_1p_2 的中点，则中点 $p(x,y)$ 的横坐标为 $x=\dfrac{x_1+x_2}{2}$，纵坐标为 $y=\dfrac{y_1+y_2}{2}$。即线段 p_1p_2 的中点坐标为 $p\left(\dfrac{x_1+x_2}{2},\dfrac{y_1+y_2}{2}\right)$。

平面内两点间距离公式

设点 $p_1(x_1,y_1)$ 和 $p_2(x_2,y_2)$ 是平面内任意两点，根据勾股定理可以导出平面内任意两点间的距离公式是：

$$|p_1p_2|=\sqrt{(x_2-x_1)^2+(y_2-y_1)^2}$$

【例1】 已知直线 l 的倾斜角 $\alpha=60°$，求直线 l 的斜率。

解：直线 l 的斜率 $k=\tan 60°=\sqrt{3}$。

【例2】 已知直线 l 经过两点 $A(-2,0)$，$B(0,2)$，求直线 l 的斜率并确定倾斜角 α 的大小。

解：直线 l 的斜率 $k=\dfrac{y_2-y_1}{x_2-x_1}=\dfrac{2-0}{0-(-2)}=1$。

在 0~180° 的范围内，因为 tan45°=1，

所以，直线 l 的倾斜角 $α=45°$。

> **提示**
> 利用斜率公式求直线的斜率时也可以将公式写成 $k=\dfrac{y_1-y_2}{x_1-x_2}$。

 **实例解答**

【例3】 解决"实例导入"提出的实际问题。

解：我们可以用同一种方法，就是直线倾斜角的大小来表示大货车及小汽车通过车库出入口时栏杆一端向上的不同程度。即当倾斜角 $α=90°$ 时，大货车才能通过；当倾斜角是 $60°≤α≤90°$ 范围内的任何一个角度时，小车都能通过。

 **拓展学习**

一天，著名魔术大师秋先生拿了一块长和宽都是 1.3 米的地毯去找地毯匠敬师傅，要求把这块正方形的地毯改制成宽 0.8 米、长 2.1 米的矩形。敬师傅对秋先生说："你这位鼎鼎大名的魔术师，难道连小学算术都没有学过吗？边长为 1.3 米的正方形面积为 1.69 平方米，而宽 0.8 米、长 2.1 米的矩形面积只有 1.68 平方米。两者并不相等啊！除非截去 0.01 平方米，不然没法做。"秋先生拿出他事先画好的两张设计图，对敬师傅说："你先照这张图（见图 4—5）的尺寸把地毯裁成四块，然后再照另一张图（见图 4—6）的样子把这四块拼在一起缝好就行了。魔术大师是从来不会出错的，你只管放心去做吧！"敬师傅照着做了，缝好一量，果真是宽 0.8 米、长 2.1 米。秋先生拿着改好的地毯得意扬扬地走了，而敬师傅却还在纳闷，这是怎么回事呢？那 0.01 平方米的地毯到什么地方去了呢？你能帮敬师傅解开这个谜吗？

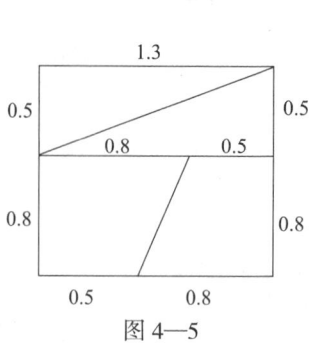
图 4—5

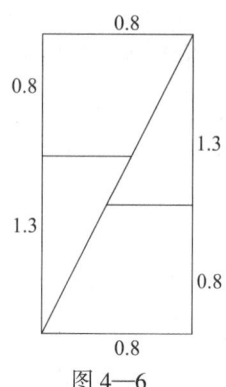
图 4—6

 **思考与体验**

1. 当直线 l 的倾斜角 $\alpha=120°$ 时，直线 l 的斜率 $k=$ _____。

2. 已知直线 l 经过两点 $p_1(4, -2)$，$p_2(3, 1)$，则直线 l 的斜率 $k=$ _____ 倾斜角 α 的大小为 _____（锐角、钝角）。

3. 已知直线 l 经过两点 $A(2, -3)$，$B(4, 3)$，求 l 的斜率并确定其倾斜角 α 的取值范围。

二、直线方程的几种形式

 **实例导入**

a)

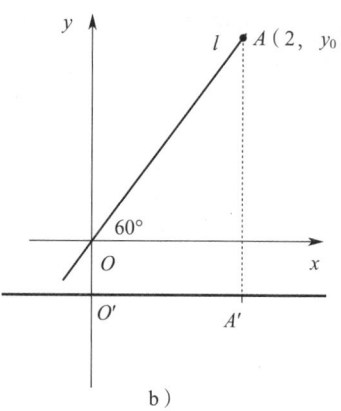

b)

图 4—7

一小车通过某商场停车库出入口时，栏杆的倾斜角是60°。如图4—7a所示，若设栏杆向上一端的端点 A 到地面的投影是 A'，栏杆支点 O 到地面的投影是 O'，且量得 $O'A'=2$ 米，$OO'=1$ 米，你能用平面解析几何知识求出栏杆向上一端的端点 A 离地面有多高吗？为此，我们先来学习直线方程的有关知识。

知识学习

我们知道，一次函数式 $y=2x-1$ 也可以看作以 x、y 为未知数的二元一次方程，其图像是一条直线，设其为 l，如图4—8所示。

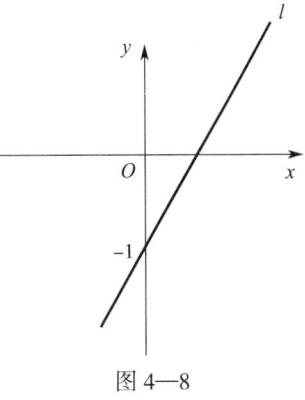

图4—8

直线 l 具有这样的特点，l 上所有点的坐标 (x,y) 都是二元一次方程 $y=2x-1$ 的解；反之，以方程 $y=2x-1$ 所有解为坐标的点都集中在直线 l 上。这时，我们就将方程 $y=2x-1$ 称为**直线 l 的方程**。

下面根据确定直线的不同条件写出直线方程的几种常见形式。

如图4—9所示，已知直线 l 经过点 $p_0(x_0, y_0)$ 且斜率为 k，若设点 $p(x, y)$ 是直线 l 上不同于 p_0 的任意一点，则直线 l 的方程为：

$$y-y_0=k(x-x_0)$$

这个方程叫作**直线的点斜式方程**。

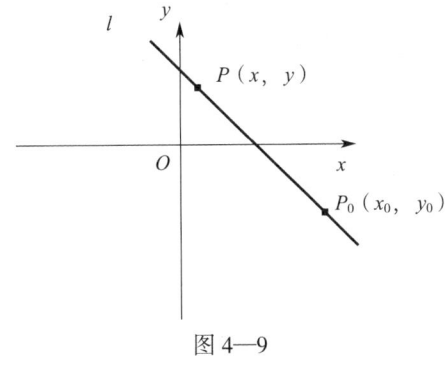

图4—9

提示

当已知直线上的一个点及这条直线的倾斜角时，可以唯一确定这条直线的位置。

> **提示**
>
> 如果直线与 y 轴相交于点 $p_1(0, b)$，与 x 轴相交于点 $p_2(a, 0)$，那么，b 叫作直线的**纵截距**，简称**截距**，称 a 为直线的**横截距**。

> **? 想一想**
>
> 直线的斜截式方程可以从直线的点斜式方程推导而来，你能推导出直线的斜截式方程吗？
>
> （在点斜式方程的基础上移项、整理即得）

我们继续研究直线方程的另外一种形式。如图 4—10 所示，已知直线 l 的斜率为 k，且与 y 轴相交于点 $p_0(0, b)$，则直线 l 的方程为：

$$y=kx+b$$

这个方程叫作**直线的斜截式方程**。

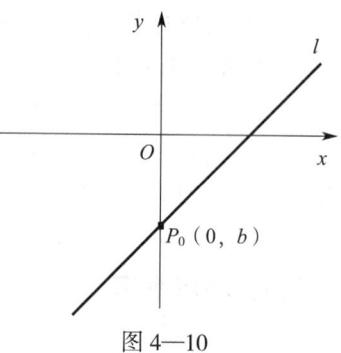

图 4—10

从上面两种方程的形式可以知道，直线的点斜式方程以及斜截式方程都可以看成是关于 x、y 的二元一次方程，且可以整理成二元一次方程的一般形式：$Ax+By+C=0$（A、B 不全为零）；事实上，形如 $Ax+By+C=0$（A、B 不全为零）的二元一次方程所表示的图形均为直线；因此，我们把形如 $Ax+By+C=0$（A、B 不全为零）的二元一次方程称为**直线的一般式方程**。

【例1】 求满足下列条件的直线 l 的方程：

（1）过点 $p_0(-1, 1)$，倾斜角 $\alpha=45°$；

（2）过点 $p_0(x_0, y_0)$，倾斜角 $\alpha=0°$；

（3）过点 $p_0(x_0, y_0)$，倾斜角 $\alpha=90°$；

（4）过两点 $p_1(1, 2)$，$p_2(-2, -5)$。

解：（1）因为直线 l 过点 $p_0(-1, 1)$，且斜率 $k=\tan 45°=1$，所以由点斜式方程得直线 l 的方程为：$y-1=1\times[x-(-1)]$，即 $x-y+2=0$。

（2）由于 $k=\tan 0°=0$，所以直线 l 的方程为：$y-y_0=0\times(x-x_0)$，即 $y=y_0$。

（3）由于 $\alpha=90°$，$\tan 90°$ 不存在，即直线 l 的斜率 k 不存在，所以它的方程不能通过点斜式方程求得，注意到直线 l 上每一点的横坐标都等于 x_0，由此得直线 l 的方程为：$x=x_0$。

> **提示**
>
> 当已知直线上两个点的坐标，求该直线方程时，一般先求出直线的斜率，再选两个已知点中的其中一个，代入直线的点斜式方程便可求得。

（4）由于直线 l 过两点 $p_1(1, 2)$、$p_2(-2, -5)$，所以，$k=\dfrac{y_2-y_1}{x_2-x_1}=\dfrac{-5-2}{-2-1}=\dfrac{7}{3}$，

由点斜式方程，得直线 l 的方程为：$y-2=\dfrac{7}{3}(x-1)$，即 $7x-3y-1=0$。

【例2】 求满足下列条件的直线 l 的方程：

（1）斜率 $k=-4$，与 y 轴相交于点（0，2）；

（2）倾斜角 $\alpha=\dfrac{\pi}{3}$，在 y 轴上的截距为 -4。

解：（1）由 $k=-4$，$b=2$，得直线 l 的斜截式方程为：$y=-4x+2$。

（2）由 $k=\tan\dfrac{\pi}{3}=\sqrt{3}$，$b=-4$，得直线 l 的斜截式方程为：$y=\sqrt{3}x-4$。

【例3】 已知直线 l 的方程为 $x-4y-3=0$，求：

（1）直线 l 的斜率 k；

（2）直线 l 在 y 轴上的截距 b；

（3）直线 l 在 x 轴上的截距 a。

解： 将直线 l 的一般式方程 $x-4y-3=0$ 移项后，

得 $4y=x-3$，

方程两边同时除以 4，得直线 l 的斜截式方程，

$y=\dfrac{1}{4}x-\dfrac{3}{4}$，

从而得到直线 l 的斜率 $k=\dfrac{1}{4}$，在 y 轴上的截距 $b=-\dfrac{3}{4}$。

下面求直线 l 在 x 轴上的截距 a。

在原方程 $x-4y-3=0$ 中，令 $y=0$，解得 $x=3$，即直线 l 与 x 轴的交点坐标是（3，0），由此可得 $a=3$。

 实例解答

【例4】 解决"实例导入"中提出的问题。

解： 如图 4—7b 所示，以栏杆支点为原点建立平面直角坐标系，设栏杆所在直线为 l，栏杆一端点的坐标 $A(2, y_0)$。因为其倾斜角 $\alpha=60°$，所以直线的斜率 $k=\tan 60°=\sqrt{3}$，代入直线的点斜式方程有：

$y-0=\sqrt{3}(x-0)$，即 $y=\sqrt{3}x$。

又因为点 A 在直线 l 上，所以点 A 的坐标满足直线 l 的方程，将 A 点的横坐标 $x_0=2$ 代入直线 l 的方程，

得 $y_0 = \sqrt{3} \times 2 = 2\sqrt{3}$。

所以 $AA' = 1 + 2\sqrt{3}$。

答： 栏杆向上一端的端点 A 距离地面的高度是 $(1 + 2\sqrt{3})$ 米。

 **相关链接**

两条直线平行的判定

如图 4—11 所示，设不重合的两条直线 l_1 和 l_2 的倾斜角分别为 α_1 和 α_2，斜率分别为 k_1 和 k_2，则有：$l_1 // l_2 \Leftrightarrow k_1 = k_2$。

特殊地，若直线 l_1、l_2 斜率都不存在，那么，它们的倾斜角必然都为 $90°$，此时，也有 $l_1 // l_2$。

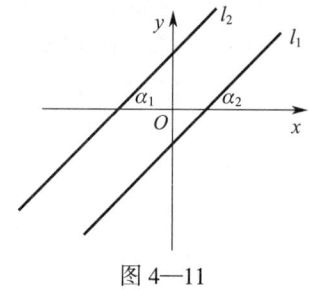

图 4—11

两条直线垂直的判定

如图 4—12 所示，设两条直线 l_1 和 l_2 的倾斜角分别为 α_1 和 α_2（$\alpha_1 \neq 90°$，$\alpha_2 \neq 90°$），斜率分别为 k_1 和 k_2，则有：$l_1 \perp l_2 \Leftrightarrow k_1 \cdot k_2 = -1$。

特殊地，当直线 l_1、l_2 的斜率一个等于 0，另一个不存在时，这两条直线也是互相垂直的。

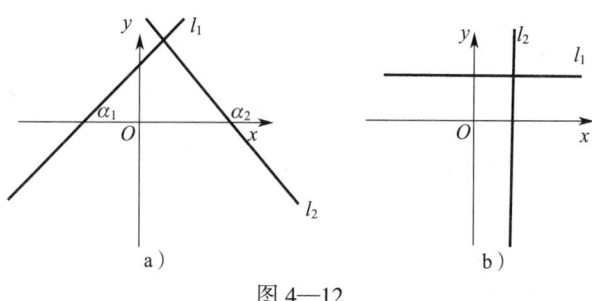

图 4—12

 拓展学习

如图4—13所示,一小车欲通过某商场停车库出入口时,栏杆上某点A离地面的距离应不少于3米,已知栏杆所在直线的倾斜角α=45°,O'A'=2米,OO'=1米,请算一算,这辆车能通过吗?

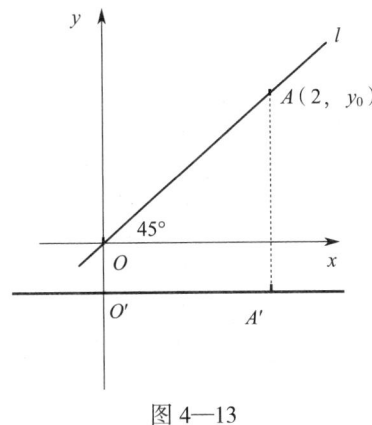

图4—13

 思考与体验

1. 已知两条直线的方程l_1($y=3x-4$)和l_2($y=3x+2$),你能判断这两条直线是否互相平行吗?

2. 已知直线l经过点$M(-4,1)$,且与直线l_1($2x-3y+5=0$)平行,那么直线l的方程是(　　)。

A. $2x-3y+11=0$
B. $3x-2y+5=0$
C. $2x+3y-5=0$
D. $3x+2y-1=0$

3. 已知直线l经过点$p(3,-2)$,斜率$k=-\dfrac{1}{2}$,求直线l的点斜式方程、斜截式方程和一般式方程。

三、两条直线的交点

实例导入

某商场内有两种电冰箱出售，品牌甲每台售价 1 280 元，品牌乙每台售价 1 506 元。已知品牌甲每月耗电 30 元，而品牌乙每月耗电 25 元，如果要买一台电冰箱，请你分析买哪一种比较合算。

图 4—14

知识学习

设平面内两条不重合的直线的方程分别为 $l_1(A_1x+B_1y+C_1=0)$ 和 $l_2(A_2x+B_2y+C_2=0)$，如果 l_1、l_2 不平行，则必相交。设点 $p(x, y)$ 是它们的交点，如图 4—15 所示，即点 p 既在 l_1 上，又在 l_2 上，所以，交点 p 的坐标 (x, y) 既是方程 $A_1x+B_1y+C_1=0$ 的解，又是方程

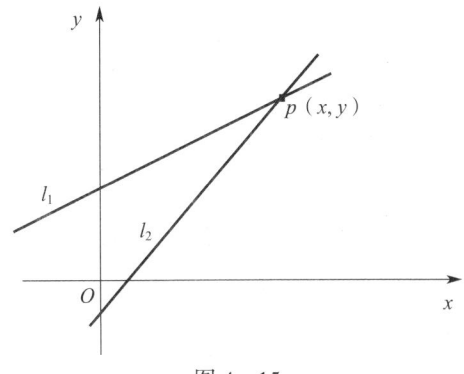

图 4—15

$A_2x+B_2y+C_2=0$ 的解。因此求两条直线 l_1、l_2 的交点，只需解方程组
$\begin{cases} A_1x+B_1y+C_1=0 \\ A_2x+B_2y+C_2=0 \end{cases}$ 即可。这个方程组的解就是两条直线 l_1、l_2 的交点坐标。

【例1】 求下列各组直线的交点：

（1）直线 l_1（$x+y-1=0$）与直线 l_2（$3x+2y-5=0$）；

（2）直线 l_1（$x-4=0$）与直线 l_2（$2x+3y-11=0$）。

解：（1）联立方程组

$\begin{cases} x+y-1=0 \\ 3x+2y-5=0 \end{cases}$，解得 $\begin{cases} x=3 \\ y=-2 \end{cases}$，

所以，直线 l_1、l_2 的交点是（3，-2）。

（2）联立方程组

$\begin{cases} x-4=0 \\ 2x+3y-11=0 \end{cases}$，解得 $\begin{cases} x=4 \\ y=1 \end{cases}$，

所以，直线 l_1、l_2 的交点是（4，1）。

【例2】 判断直线 l_1（$y=-5x+7$）与直线 l_2（$y=3x-1$）的位置关系，如果不平行，试求出这两条直线的交点。

解： 因为两条直线的斜率均存在，且 $k_1=-5$，$k_2=3$，$k_1 \neq k_2$，

所以，这两条直线不平行，即相交。联立方程组 $\begin{cases} y=-5x+7 \\ y=3x-1 \end{cases}$，解得

$\begin{cases} x=1 \\ y=2 \end{cases}$，所以，直线 l_1、l_2 的交点是（1，2）。

> **提示**
> 解（2）的方程组时，直接将 $x=4$ 代入另一方程"消元"即可。

 实例解答

【例3】 解决"实例导入"中提出的问题。

解：如图 4—16 所示，设使用 x 个月时，总费用（购买冰箱费用和耗电费）为 y，依题意得 x 和 y 的关系式为：

品牌甲　　$y=1\,280+30x$，

品牌乙　　$y=1\,506+25x$。

解方程组

$$\begin{cases} y=1\,280+30x \\ y=1\,506+25x \end{cases},$$

解得 $\begin{cases} x=45.2 \\ y=2\,636 \end{cases}$。

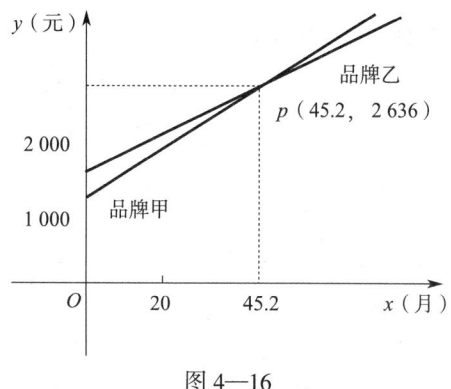

图 4—16

即两条直线的交点坐标是（45.2，2 636），如图 4—16 所示。就是说，使用 45.2 个月时，两种电冰箱的总费用都是 2 636 元，且当 $x<45.2$ 时，表示品牌甲的直线在表示品牌乙的直线下方，当 $x>45.2$ 时，表示品牌甲的直线在表示品牌乙的直线上方。

答：当使用期在 45.2 月内，买品牌甲电冰箱合算；当使用期超过 45.2 月时，买品牌乙电冰箱合算。

两条直线的夹角公式

两条直线相交构成四个角，一般地将其中小于或等于 90° 的正角叫作这两条直线的夹角。设其为 θ，则 θ 可以直接由两条直线的斜率来表示，即 $\tan\theta=\left|\dfrac{k_2-k_1}{1+k_1k_2}\right|$。

而当 $k_1k_2=-1$ 时，我们知道，这两条直线互相垂直，也就是这两条直线的夹角是 90°。

拓展学习

经过市场调查获知，某产品在市场上的**供应数量** Q 与销售价格 P 之间的关系式为 $P-3Q-5=0$，**需求量** Q' 与价格 P 之间的关系式为 $P+2Q'-25=0$，Q'、Q 的单位是"万件"，而 P 的单位是"元/件"。当 $Q=Q'=q$ 时，由 P、q 组成的点 (p, q) 就是市场的供需平衡点，反映在图像上，就是点 (p, q) 既在供应线上，又在需求线上。如果将该产品的供应线 $P-3Q-5=0$ 以及需求线 $P+2Q'-25=0$ 表示在同一直角坐标系中，如图 4—17 所示。你能观察出该产品在市场上供需平衡时的数量和价格吗？（提示：$p=17$ 元/件，$q=4$ 万件）

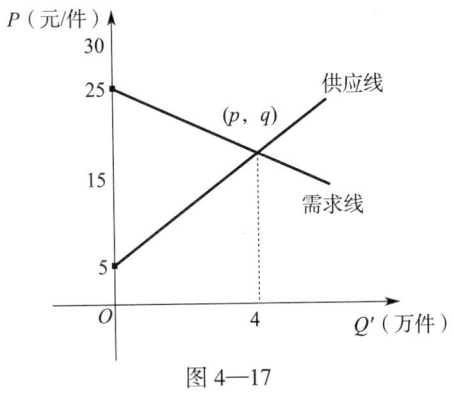

图 4—17

> **提示**
>
> 供需平衡点就是，一个合理的销售价格以及使供应量和需求量相等的产品数量。

 **思考与体验**

1. 判断直线 l_1（$5x-y-7=0$）与直线 l_2（$3x+2y-12=0$）的位置关系，如果相交，试求出这两条直线的交点。

2. 判断直线 l_1（$4x-2y-3=0$）与直线 l_2（$2x-y+1=0$）的位置关系，如果平行，试求出这两条直线的斜率。

3. 判断直线 l_1（$2x+y-1=0$）与直线 l_2（$x-2y+1=0$）的位置关系，如果垂直，试确定它们的垂足。

第二讲　圆的标准方程

 **实例导入**

图 4—18 所示的圆形拱桥，测得它的跨度 $AB=20$ 米，拱高 $OP=4$ 米。有了这些数据，能不能写出圆拱所在圆的方程呢？我们将在本课来探讨。

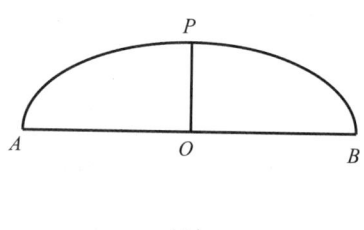

a）　　　　　　　　　b）

图 4—18

 **知识学习**

在初中学习平面几何时，我们就已经了解过圆的有关知识，**圆是平面内到一个定点 C 的距离等于定长 r 的所有点的集合**。定点 C

称为这个圆的圆心，定长 r 称为这个圆的半径，换句话说就是，圆上任意一点 P 到圆心 C 的距离 $|PC|$ 都等于半径 r，即 $|PC|=r$。圆的定义告诉我们，当一个圆的圆心以及它的半径确定时，这个圆就唯一确定了。

下面一起来学习圆的标准方程。

如图 4—19 所示，设 $P(x, y)$ 是圆上任意一点，由圆的定义有 $|PC|=r$，利用平面内两点间的距离公式，我们可以导出圆的标准方程为：$(x-a)^2+(y-b)^2=r^2$，我们称这个方程为**圆的标准方程**。

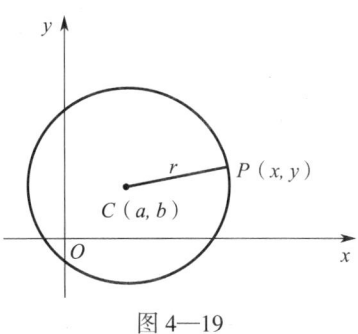

图 4—19

特殊地，当圆心在坐标系的原点，这时 $a=0$，$b=0$，那么圆的标准方程就为：

$$x^2+y^2=r^2$$

【例 1】 已知圆的标准方程为 $(x+4)^2+(y-3)^2=25$。

（1）写出圆心坐标和半径；

（2）判断点 $A(1，2)$ 是否在圆上。

解：（1）因为 $a=-4$，$b=3$，$r^2=25$，所以，圆心坐标为 $(-4，3)$，半径为 5。

（2）将点 A 的坐标（1，2）代入圆的标准方程得

左边 $=(1+4)^2+(2-3)^2=26\neq$ 右边 $=25$，即点 A 的坐标不适合圆的方程，故点 A 不在这个圆上（见图 4—20）。

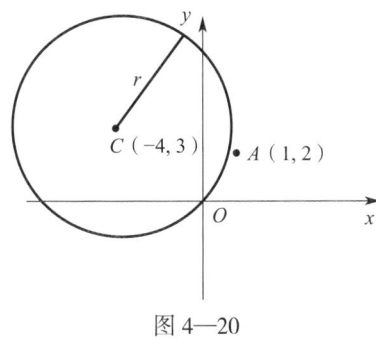

图 4—20

> **提示**
>
> 确定任意一点 A 与圆的位置关系可通过比较这个点到圆心 O 的距离与圆的半径 r 的大小来判断：
>
> （1）当 $|OA|=r$ 时，点 A 在圆上；
>
> （2）当 $|OA|>r$ 时，点 A 在圆外；
>
> （3）当 $|OA|<r$ 时，点 A 在圆内。

【例2】 求下列各圆的标准方程：

（1）圆心在原点，半径等于4；

（2）圆心在点 $C(1,-2)$，半径为 $\sqrt{3}$。

解：（1）圆心在原点 $(0,0)$，$r=4$ 的圆的标准方程为：$x^2+y^2=16$。

（2）圆心在点 $C(1,-2)$，$r=\sqrt{3}$ 的圆的标准方程为：$(x-1)^2+(y+2)^2=3$。

 实例解答

【例3】 解决"实例导入"中提出的问题。

解： 建立图4—21所示的平面直角坐标系，使圆心在 y 轴上，设圆心的坐标是 $(0,b)$，圆的半径是 r，那么圆的方程是：

$$x^2+(y-b)^2=r^2$$

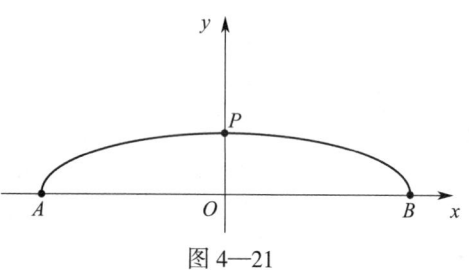

图4—21

下面确定方程中的待定系数 b 和 r 的值。因为 P、B 都在圆上，所以它们的坐标 $P(0,4)$、$B(10,0)$ 都满足方程

$$x^2+(y-b)^2=r^2,$$

于是得到方程组

$$\begin{cases} 0^2+(4-b)^2=r^2 \\ 10^2+(0-b)^2=r^2 \end{cases}$$

解得 $b=-10.5$，$r^2=14.5^2$。

得圆的标准方程为：$x^2+(y+10.5)^2=14.5^2$。

 **拓展学习**

某校路桥专业的学生外出实习时遇到一实际问题需要解决：有一圆拱桥的水面跨度为20米，拱高4米，现有一船只想从桥下通过，测得船宽10米，水面以上高3米，这条船能否从桥下通过，你能用本次课所学知识帮助他们算算吗？

 **思考与体验**

1. 已知圆的标准方程是 $(x-3)^2+(y+4)^2=100$，则圆的圆心和半径是（　　）。

　　A.（3，4），10　　　　B.（-3，-4），10
　　C.（3，-4），100　　　D.（3，-4），10

2. 已知一个圆的圆心坐标是 $C(0,2)$，半径 $r=\sqrt{5}$，那么圆的标准方程是_____。

3. 已知点 $A(-2,1)$ 以及圆的方程 $(x-2)^2+(y+1)^2=20$，你能判断点 A 与圆是什么位置关系吗？

第五章 数列

泰姬陵始建于公元 1631 年，是莫卧儿帝国皇帝沙·贾汗为死去的爱妃所建。它坐落于印度古城阿格拉，外表用纯白色大理石建造，主体建筑宏伟壮观，是世界新七大奇迹之一。陵寝以宝石镶饰，其图案之细致令人叫绝。

相传陵寝中有一个三角形图案，以相同大小的圆宝石镶饰而成，共有 100 层，最上面一层镶 1 颗宝石，往下每一层都比上面一层多镶 1 颗，最下面一层镶 100 颗。那么，你知道这个图案一共用了多少颗宝石吗？

要解决这个问题，实际上就是要解决如何计算式子 1+2+3+4+⋯+100 的结果问题。

在本章，我们将学习数列的基础知识，并应用它解决像上面举例的一些问题。

第一讲　数列的概念

图 5—1

第一届现代奥运会于 1896 年在雅典举办，此后每 4 年举办一次，若奥运会因故不能如期进行，次数仍照算。

（1）试一试写出由举办奥运会的年份构成的数列的通项公式。

（2）2008 年北京奥运会是第几届奥运会？

（3）2060 年举办奥运会吗？

 知识学习

在日常生活中，我们常常会遇到按某种顺序排成一列的数。如城区街道两旁的门牌号，一边是按单数，另一边是按双数顺序排列的。某街道共 400 个门牌，两边各 200 个，则门牌号可编为：

$$1, 3, 5, 7, \cdots, 399。$$
$$2, 4, 6, 8, \cdots, 400。$$

学校 101 阶梯课室，座位数从第一排 12 个开始，后一排比前一排多 1 个，共 20 排，这 20 排座位数形成了一列数为：

$$12, 13, 14, 15, \cdots, 31。$$

正整数的平方排成一列数为：

$$1^2, 2^2, 3^2, 4^2, 5^2 \cdots$$

像上面所举例子，按一定次序排列的一列数叫作**数列**。数列中的每一个数叫作这个数列的**项**。从第一个数开始，各数依次叫作这个数列的第一项（首项），第二项，…第 n 项，通常用 a_n 表示数列的第 n 项，所以，数列的一般形式可以写成：

$$a_1, a_2, a_3, \cdots, a_n \cdots$$

简记为 $\{a_n\}$。如果数列 $\{a_n\}$ 的第 n 项 a_n 与 n 之间的关系可以用一个公式表示，那么这个公式就叫作这个数列的**通项公式**。

如数列：

$1, 3, 5, 7, 9 \cdots$ 它的通项公式是 $a_n = 2n-1$；

$2, 4, 6, 8, 10, \cdots, 2n \cdots$ 它的通项公式是 $a_n = 2n$；

$1^2, 2^2, 3^2, 4^2, 5^2, \cdots, n^2 \cdots$ 它的通项公式是 $a_n = n^2$。

【例 1】 根据下面各数列的规律完成填空。

（1）3，6，9，12，（　）

（2）$\dfrac{1}{2}$，$\dfrac{2}{3}$，$\dfrac{3}{4}$，$\dfrac{4}{5}$，（　）

（3）1，$\dfrac{1}{4}$，$\dfrac{1}{9}$，$\dfrac{1}{16}$，（　）

解：（1）观察可知，数列从第二项起，后一项比前一项多 3，因为 12+3=15，所以填 15。

> **提示**
>
> 数列按项数有限或无限分为有穷数列和无穷数列。如数列 1，3，5，7，…，399。是有穷数列；而自然数数列 0，1，2，3…是无穷数列。

（2）观察可知，数列从第二项起，后一项的分子、分母分别比前一项的分子、分母多1，因为 $\frac{4+1}{5+1}=\frac{5}{6}$，所以填 $\frac{5}{6}$。

（3）观察可知，数列每一项分子都是1，分母依次是 1^2，2^2，3^2，4^2。所以填 $\frac{1}{25}$。

【例2】 根据数列的通项公式，写出下面数列的前三项。

（1）$a_n=3n-2$ （2）$a_n=(-1)^n\frac{1}{n}$

解：（1）$a_1=3\times 1-2=1$，$a_2=3\times 2-2=4$，$a_3=3\times 3-2=7$。

（2）$a_1=(-1)^1\times\frac{1}{1}=-1$，$a_2=(-1)^2\times\frac{1}{2}=\frac{1}{2}$，$a_3=(-1)^3\times\frac{1}{3}=-\frac{1}{3}$。

【例3】 写出下面数列的通项公式。

（1）$\frac{2}{1\times 2}$，$\frac{2}{2\times 3}$，$\frac{2}{3\times 4}$，$\frac{2}{4\times 5}$，…

（2）$\sqrt{3}$，$\sqrt{7}$，$\sqrt{11}$，$\sqrt{15}$，…

解：（1）观察数列的前4项与项数 n 之间的变化规律：

$a_1=\frac{2}{1\times(1+1)}$，$a_2=\frac{2}{2\times(2+1)}$，$a_3=\frac{2}{3\times(3+1)}$，$a_4=\frac{2}{4\times(4+1)}$，

可知通项公式是 $a_n=\frac{2}{n\times(n+1)}$。

（2）观察数列的前4项与项数 n 之间的变化规律：

$a_1=\sqrt{4\times 1-1}$，$a_2=\sqrt{4\times 2-1}$，$a_3=\sqrt{4\times 3-1}$，$a_4=\sqrt{4\times 4-1}$，可知通项公式是 $a_n=\sqrt{4n-1}$。

 实例解答

【例4】 解决"实例导入"中提出的问题。

解：（1）按每4年举办一次，写出数列的前4项，观察它们与项数 n 之间的变化规律：

$a_1 = 1896$,

$a_2 = 1900 = a_1 + 4 \times 1$,

$a_3 = 1904 = a_2 + 4 = a_1 + 4 \times 2$,

$a_4 = 1908 = a_3 + 4 = a_1 + 4 \times 3$,

得通项公式 $a_n = a_1 + 4(n-1)$。

（2）设 $a_n = 2008$，并将 $a_1 = 1896$ 同时代入通项公式 $a_n = a_1 + 4(n-1)$，得：$2008 = 1896 + 4(n-1)$，解方程得 $n = 29$。

（3）将 $a_n = 2060$ 以及 $a_1 = 1896$ 同时代入通项公式得：$2060 = 1896 + 4(n-1)$，解得 $n = 42$，因为 $42 \in \mathbf{Z}$，方程有整数解，所以 2060 年举办奥运会。

答：（1）数列的通项公式 $a_n = a_1 + 4(n-1)$；

（2）2008 年北京奥运会是第 29 届奥运会；

（3）2060 年举办第 42 届奥运会。

拓展学习

科学家在 1740 年发现了一颗彗星，并推算出 1823 年、1906 年、1989 年人们都可以看到这颗彗星。按照出现的时间规律，大家都来猜一猜，到 2072 年它会出现吗？如果出现，是第几次呢？为什么？

思考与体验

1. 在数列 1，3，5，7，9，x，13，15…中，x 的值是（　　）。
   A. 10　　　　　B. 11　　　　　C. 12　　　　　D. 14
2. 一个数列的通项公式是 $a_n = 3 - 2^{n-1}$，则数列的第二项 $a_2 = $（　　）。
   A. 10　　　　　B. 100　　　　　C. -1　　　　　D. 1
3. 你能根据规律在下面的括号内填上合适的数吗？
   1682，1758，1834，1910，1986，（　　）。

第二讲　等差数列和等比数列

实例导入

图 5—2

　　某机械制造集团董事长决定用业绩考核的方式提拔人才。他让两个优秀的年轻助理各自负责管理一个分公司，为期两年，这两个分公司现有规模都是每月生产 2 000 台机器，两年里看谁负责的公司生产机器多。

　　李大智负责分公司甲后，多方挖掘潜力，第一个月开始，生产能力增加 150 台，以后每月生产能力递增 150 台。

　　张小聪负责分公司乙后，发动广大员工群策群力，前半个月，生产能力增加 40 台，以后每半个月生产能力递增 80 台。

　　同学们，知道李大智和张小聪谁的公司生产得多吗？学习了本节知识，你就知道了。

一、等差数列的通项公式及前 n 项和公式

1. 等差数列的通项公式

我们一起来看看这些数列：

1，2，3，4，5，6，7　　　　　　　①

9，6，3，0，-3，-6，-9　　　　　　②

3，3，3，3，3，3，3　　　　　　　③

它们都有什么特点？我们发现数列①②③都有这样的特点，数列从第二项起，每一项与前一项的差都等于同一个常数。

一般地，如果一个数列从第 2 项起，每一项与它的前一项的差等于同一个常数，那么这个数列就叫作**等差数列**。这个常数叫作等差数列的**公差**，通常用 d 表示。公差为 0 的数列称为**常数数列**。

下面一起来学习等差数列的通项公式。

由等差数列的定义可得：

$$a_2-a_1=d,\ a_3-a_2=d,\ a_4-a_3=d\cdots$$

所以有：

$$a_2=a_1+d$$
$$a_3=a_2+d=a_1+2d$$
$$a_4=a_3+d=a_1+3d$$
$$\cdots$$

由此可得等差数列的通项公式为：

$$a_n=a_1+(n-1)d \qquad (1)$$

> **? 想一想**
>
> 如果将等差数列的通项公式 $a_n=a_1+(n-1)d$ 看成是函数关系式，那么，它是关于 n 的几次函数式？
>
> （一次函数式）

2. 等差数列的前 n 项和公式

数列 a_1，a_2，a_3，$\cdots$，$a_n\cdots$ 的第 n 项及其之前的所有项相加所得和称为**数列的前 n 项和**，记为 S_n，

即

$$S_1=a_1$$
$$S_2=a_1+a_2$$
$$\cdots$$
$$S_n=a_1+a_2+\cdots+a_n$$

下面我们一起来分析在本章一开始提到的计算泰姬陵陵寝中三角形图案的宝石颗数的问题。三角形有 100 层，每层数目依次多 1 颗，如图 5—3 所示，每层宝石颗数与层数相同，于是有：

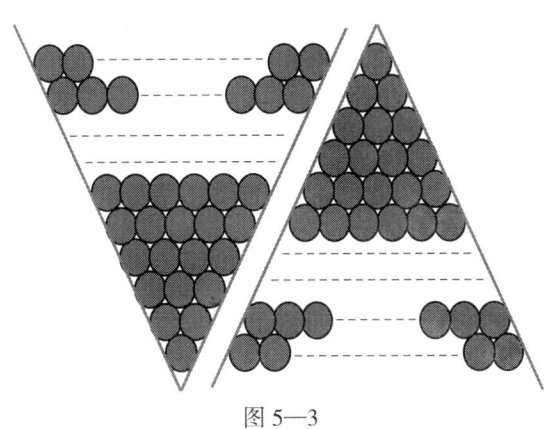

图 5—3

$$S_{100}= 1 +2+3+\cdots+98+99+100 \quad ①$$

$$S_{100}=100+99+98+\cdots+3+2+1 \quad ②$$

① + ②得 $2S_{100}=100\times(1+100)$

所以 $S_{100}=\dfrac{100\times(1+100)}{2}=5\ 050$。

即泰姬陵陵寝中的三角形图案镶饰了 5 050 颗宝石。

在上面的计算中，我们注意到：

$$1+100=2+99=3+98=\cdots=98+3=99+2=100+1$$

把这种规律用一般形式表示就是：

$$a_1+a_n=a_2+a_{n-1}=a_3+a_{n-2}=\cdots=a_{n-2}+a_3=a_{n-1}+a_2=a_n+a_1$$

由此可得：

$$S_n=\dfrac{n(a_1+a_n)}{2} \quad (2)$$

将通项公式 $a_n=a_1+(n-1)d$ 代入上式得：

$$S_n=na_1+\dfrac{n(n-1)}{2}d \quad (3)$$

公式（2）和（3）称为等差数列的**前 n 项和公式**。

? 想一想

在计算过程中，为什么可以用 100 个（1+100）代替①+②所得的和？

（对应两项的和是一个常数 101）

提示

在等差数列求和时，已知首项、末项及项数，应用公式（2）；当已知首项、公差及项数时，则用公式（3）。

> **想一想**
> 公差等于0时,常数数列前 n 项和公式是?
> ($S_n=na_1$)

【例1】 已知一等差数列的前三项为 10,8,6,求数列的第10项和第20项。

解:由已知得 $a_1=10$,$d=-2$,当 $n=10$ 时,由公式(1)得 $a_{10}=10+(10-1)\times(-2)=-8$。

当 $n=20$ 时,得 $a_{20}=10+(20-1)\times(-2)=-28$。

【例2】 根据下列各题中的条件,求相应的等差数列 $\{a_n\}$ 的 S_n。

(1) $a_1=5$,$a_n=95$,$n=10$。

(2) $a_1=100$,$d=-2$,$n=50$。

解:(1)将已知 $a_1=5$,$a_n=95$,$n=10$ 代入公式(2)得:

$$S_{10}=\frac{10\times(5+95)}{2}=500。$$

(2)将已知 $a_1=100$,$d=-2$,$n=50$ 代入公式(3)得:

$$S_{50}=50\times100+\frac{50\times(50-1)}{2}\times(-2)=2\,550。$$

【例3】 学校会议厅有15排座位,后一排比前一排多1个座位,最后一排34个座位,学校最近来了60位新教职员工,现有人数320人,请你算一算,开会的时候能坐下全校教职员工吗?

解:由题意可知,各排座位数成等差数列,且 $n=15$,$d=1$,$a_{15}=34$,先求 S_{15}。

因为 $a_{15}=a_1+14d$,即 $34=a_1+14\times1$,得 $a_1=20$,

所以,由公式(3)得 $S_{15}=15\times20+\frac{15\times14}{2}\times1=405$(座位)。

答:开会的时候有足够位置,能坐下。

实例解答

【例4】 解决"实例导入"中提出的问题。

解:由题意知,分公司甲从第一个月开始,每月生产量依次为 2 150,2 300,2 450,2 600,…,即首项 $a_1=2\,150$,公差 $d_1=150$,由等差数列前 n 项和公式得分公司甲两年生产量总和是 $S_{24}=24\times2\,150+$

$\frac{24 \times (24-1)}{2} \times 150 = 93\ 000$。

同理，分公司乙从第一个月开始，每月生产量依次为：2 120，2 280，2 440，2 600，…，即首项 $a_1 = 2\ 120$，公差 $d_1 = 160$，由等差数列前 n 项和公式得分公司乙两年生产量总和是 $S_{24} = 24 \times 2\ 120 + \frac{24 \times (24-1)}{2} \times 160 = 95\ 040$。

答：两年时间里张小聪负责的分公司乙生产的机器多。

 拓展学习

一起来做做游戏：把全班分成4个小组，以小组为单位，看哪个小组算得又快又对：一副扑克牌52张（除去大小王），其中 A 表示 1，J 表示 11，Q 表示 12，K 表示 13，用什么方法能尽快算出扑克牌点数之和？

第一名得10分，第二名得7分，第三名得4分，第四名得1分。

下面分别是第一组、第二组、第三组的计算方法：

（1）应用计算器快速将每一张牌的点数相加，所得的和为所求。即 (1+2+3+…+13)+(1+2+3+…+13)+(1+2+3+…+13)+(1+2+3+…+13)=364。

（2）每一副扑克牌都有4种花色，每一种花色都有1至13的点数，因此，计算：4×(1+2+3+…+13)=364。

（3）每一种花色的点数之和就是求1至13的正整数之和，它们形成首项是1，公差也是1的等差数列，应用公式（3）得：

$S_{13} = 13 \times 1 + \frac{13 \times (13-1)}{2} \times 1 = 91$，

由于有四种花色，所以 $4S_{13} = 4 \times 91 = 364$。

那么，请问第四组还有什么更好的计算方法吗？

 **思考与体验**

1. 数列 3，3，3 是（　　）。
   A. 公差等于 0 的等差数列　　B. 无穷数列
   C. 没有首项的数列　　　　　D. 没有末项的数列
2. 20 是等差数列 2，5，8…的（　　）。
   A. 第 6 项　　B. 第 7 项　　C. 第 9 项　　D. 第 10 项
3. $1+3+5+\cdots+(2n-1)=$（　　）。
   A. n^2　　　　　　　　　　B. $n(n+1)$
   C. $n(n-1)$　　　　　　　　D. $(n+1)^2$

二、等比数列的通项公式及前 n 项和公式

 **实例导入**

甲、乙两人在做一个游戏，规则是：在一个月（按 30 天）内，甲每天给乙 100 元钱，而乙则第一天给甲返还 1 分钱，第二天给甲返还 2 分钱，第三天给甲返还 4 分钱，即从第二天起，每天返还的钱数是前一天的 2 倍。你能帮助他们算算，谁赢谁输吗？

 **知识学习**

1. 等比数列的通项公式

我们一起来看看这些数列：

1，2，4，8，16，…，2^{63}　　　　　　①

$\dfrac{1}{2}$，$\dfrac{1}{4}$，$\dfrac{1}{8}$，$\dfrac{1}{16}$，…，$\dfrac{1}{2^n}$…　　　　　　②

1，3，9，27，81，…，3^{n-1}　　　　　　③

它们都有什么特点？数列①②③都有这样的特点，数列从第

2 项起，每一项与前一项的比都等于同一个常数（① 2，② $\frac{1}{2}$，③ 3）。

一般地，如果一个数列从第 2 项起，每一项与它的前一项的比等于同一个常数，那么这个数列就叫作**等比数列**。这个常数叫作等比数列的**公比**，通常用 q 表示。

下面一起来学习等比数列的通项公式。

由等比数列的定义可得：

$$\frac{a_2}{a_1}=q,\ \frac{a_3}{a_2}=q,\ \frac{a_4}{a_3}=q\cdots$$

所以有：

$$a_2=a_1q$$
$$a_3=a_2q=(a_1q)q=a_1q^2$$
$$a_4=a_3q=(a_1q^2)q=a_1q^3$$
$$\cdots\cdots$$

由此可得等比数列的通项公式为：

$$a_n=a_1q^{n-1} \qquad (4)$$

> **? 想一想**
> 等比数列中的项能允许有 0 的出现吗？
> （不能）

2. 等比数列的前 n 项和公式

设等比数列 a_1，a_2，a_3，$\cdots$，$a_n\cdots$ 的公比为 q，它的前 n 项和用 S_n 表示，那么

$$S_n=a_1+a_1q+a_1q^2+\cdots+a_1q^{n-2}+a_1q^{n-1} \qquad ①$$

① $\times q$ 得

$$qS_n=a_1q+a_1q^2+a_1q^3+\cdots+a_1q^{n-2}+a_1q^{n-1}+a_1q^n \qquad ②$$

① - ② 得

$$S_n-qS_n=a_1-a_1q^n$$

整理可得：

$$S_n=\frac{a_1(1-q^n)}{1-q}\ (q\neq 1) \qquad (5)$$

将通项公式 $a_n=a_1q^{n-1}$ 代入上式得：

$$S_n=\frac{a_1-a_nq}{1-q}\ (q\neq 1) \qquad (6)$$

公式（5）（6）称为等比数列的**前 n 项和公式**。

> **提示**
> 当公比 $q=1$ 时，等比数列也是公差为 0 的等差数列，其前 n 项和公式为 $S_n=na_1$。

> **? 想一想**
> 在等比数列求和时，已知哪些条件应用公式（5），已知哪些条件应用公式（6）。
> ［通常当已知首项和公比时用公式（5），已知首项、末项和公比时用公式（6）。］

【例1】 已知等比数列 1, –2, 4, –8, 16, …, 求数列的通项公式及第 12 项。

解：因为 $a_1=1$, $a_2=-2$, 得公比 $q=\dfrac{a_2}{a_1}=\dfrac{-2}{1}=-2$,

所以 此数列的通项公式是：$a_n=(-2)^{n-1}$,

所以 $a_{12}=(-2)^{12-1}=-2^{11}=-2\,048$。

【例2】 已知一等比数列的第 9 项是 $\dfrac{4}{9}$, 公比 $q=-\dfrac{1}{3}$, 求数列的首项。

解：因为 $a_9=\dfrac{4}{9}$, $q=-\dfrac{1}{3}$, 代入公式（4），

得 $\dfrac{4}{9}=a_1\left(-\dfrac{1}{3}\right)^8$, 解得 $a_1=4\times 3^6=2\,916$。

【例3】 已知等比数列 $\{a_n\}$ 的首项 $a_1=3$, $q=-2$, $n=5$, 求 S_n。

解：将 $a_1=3$, $q=-2$, $n=5$ 代入公式（5），

得 $S_5=\dfrac{3\times[1-(-2)^5]}{1-(-2)}=1+2^5=33$。

 **实例解答**

【例4】 解决"实例导入"中提出的问题。

解：设甲、乙两人在这 30 天内借与返还钱的总数分别记为 S_{30}、S'_{30}, 则由题意知，甲借出的总数是常数数列 100, 100, 100, …, 100 的前 30 项和，

即 $S_{30}=30\times 100=3\,000$（元）；

而乙返还的总数是等比数列：1, 2, 2^2, 2^3, …, 2^{29} 的前 30 项和，

即 $S'_{30}=\dfrac{1\times(1-2^{30})}{1-2}=2^{30}-1=1\,073\,741\,823=10\,737\,418.23$（元）。

出乎意料吗？原来乙要返还这么多的钱。

答：甲赢了，乙输了。

 相关链接

了解等差中项

如果 a、A、b 三个数依次成等差数列，那么 A 就叫作 a、b 的**等差中项**。由等差数列的定义可知 $A-a=b-A$，所以 $A=\dfrac{a+b}{2}$。即 a、A、b 等差 $\Leftrightarrow A=\dfrac{a+b}{2}$。

了解等比中项

如果 a、G、b 三个数依次成等比数列，则 G 叫作 a、b 的**等比中项**。由等比数列的定义知 $\dfrac{G}{a}=\dfrac{b}{G}$，所以 $G=\pm\sqrt{ab}$。即 a、G、b 等比 $\Rightarrow G=\pm\sqrt{ab}$。

 拓展学习

目前世界上多数棋史学家认为国际象棋最早出现在古印度。还有这样一个传说：国王要奖赏国际象棋发明者——宰相达依尔，问他需要什么，达依尔回答说，国王请在棋盘第一个格子里放1粒麦子，在第二个格子里放2粒麦子，在第三个格子里放上4粒麦子，在第四个格子里放上8粒麦子，以此类推，以后每个格子里放的麦粒数都是前一个格子所放麦粒数的2倍，一直放到第64格（国际象棋棋盘是8×8=64格）。国王想，这有多少，还不容易，便爽快地答应了宰相的要求。于是，让人扛来一袋小麦，但不到一会儿全用没了，再来一袋很快又没有了，国王预感到他难以兑现自己给宰相的承诺。事实上，全印度的粮食全部拿来都不够给宰相的。国王感到纳闷，怎样也算不清这笔糊涂账。我们一起来帮助国王算算，宰相

要多少麦子？

首先要知道，每个格子里放的麦粒数依次是：$1, 2, 2^2, 2^3, \cdots, 2^{63}$，然后，只要用等比数列前 n 项和公式将这 64 个数求和就能算出来了，即：

$$S_{64}=\frac{1\times(1-2^{64})}{1-2}=2^{64}-1\approx 1.845\times 10^{19}（粒）$$

假如每千粒麦子的质量为 40 克，那么麦子的总质量超过了 7 000 亿吨，而当时世界小麦的年产量也只有 60 亿吨。

 **思考与体验**

1. 下列各数列中，（　　）是等比数列。

   A. 3，5，7，9　　　　　　　　B. -3，3，-3，3

   C. -2，-4，-6，-10　　　　　D. 1，$\dfrac{1}{2}$，$\dfrac{1}{4}$，$\dfrac{1}{6}$

2. 在等比数列 $\{a_n\}$ 中，$a_1=\sqrt{3}$，$a_2=2$，则 $a_4=$（　　）。

   A. 1　　　　　　　　　　　　B. $2\sqrt{2}$

   C. 4　　　　　　　　　　　　D. $\sqrt[4]{2}$

3. 等比数列 $\dfrac{1}{2}$，$\dfrac{1}{4}$，$\dfrac{1}{8}$，$\dfrac{1}{16}\cdots$ 的前 10 项和 $S_{10}=$（　　）。

   A. $\dfrac{2^9-1}{2^{10}}$　　　　　　　　　B. $\dfrac{1-2^9}{2^{10}}$

   C. $\dfrac{2^{10}-1}{2^{10}}$　　　　　　　　D. $\dfrac{1-2^{10}}{2^{10}}$

第六章　简易逻辑

　　有时候，在语言表述中为了加强语气，会连续使用两个否定，譬如："可以"表述为"不是不可以"，"可能"表述为"不是没有可能"。但是，如果不理解这种双重否定的逻辑含义，就会出现语言表述的病句，词不达意。如本来想说"出乎意料"却说成"出乎意料之外"，"开学之前"却说成"未开学之前"。因此，正确使用逻辑用语是现代社会公民应该具备的基本素质。

　　在这一章里，我们将一起来学习逻辑思维及逻辑用语的一些基本知识，希望同学们通过学习本章内容锻炼自己的逻辑思维能力。

第一讲　命题和逻辑联结词

图 6—1

在日常生活和学习过程中，我们时常要对某一件事情进行了解，作出判断。例如：

（1）你吃过早餐了吗？

（2）一个星期有 7 天。

（3）牡丹花开得多么的美丽啊！

（4）$2<3$。

（5）$x>1$。

（6）0.2 是整数。

在上面这些句子中，哪些是判断事情的陈述句？其判断正确吗？学习了本课知识，这些问题就能解决了。

一、命题

分析如下语句：

（1）钟威是13级物流（1）班的班长。

（2）鱼儿在水里会游。

（3）等边三角形的三个内角相等。

我们发现它们都有共同的特点，就是对所描述的事情能够给予判断。我们将可以判断一件事情的句子叫作**命题**，其中正确的命题叫作**真命题**，错误的命题叫作**假命题**。命题由条件和结论两部分组成。

为方便起见，通常用英文小写字母 p、q、r、s…来表示命题。

例如：p："$\sqrt{2}$ 是无理数"，即命题 p 代表 "$\sqrt{2}$ 是无理数"，可见 p 是真命题。

q："1>2"，即命题 q 代表 "1 大于 2"，可见 q 是假命题。

以上命题只要一句简单的陈述就能表达完整的意思，我们把这些命题称为**简单命题**。

> **?想一想**
> 有没有既是真又是假的命题？
> （没有）

二、逻辑联结词

有些命题需要用到"且""或""非"等，这些逻辑联结词将两个（或两个以上）简单命题联结起来才能表达语句完整的意思。

看看下面的命题：

（1）明天下雪且下雨。

（2）明天下雪或下雨。

（3）0.2 非整数。

命题（1）用"且"将两个简单命题"明天下雪"和"明天下雨"联结起来组成了新命题。

一般地，设 p、q 是两个命题，用"且"字联结 p、q 得到一个与 p、q 相关的新命题，这样的新命题就是"p 且 q"形式的命题，可用符号表示为"$p \wedge q$"。

再观察命题（2），它用"或"将两个简单命题"明天下雪"和"明天下雨"联结起来组成了新命题。

一般地，设 p、q 是两个命题，用"或"字联结 p、q 得到一个与 p、q 相关的新命题，这样的新命题就是"p 或 q"形式的命题，可用符号表示为"$p \vee q$"。

"非"也可以用作联结词，"非"是否定的意思。如命题（3）是表示对命题"0.2 是整数"的否定。

一般地，设 p 是一个命题，用"非"字对它进行否定得到一个新命题，这样的新命题就是"非 p"形式的命题，可用符号表示为"$\neg p$"。

> **提示**
> 如果要说明一个命题是假命题，通常只要举出一个满足条件，但不满足结论的例子说明即可，这在数学上叫作"举反例"。

> **提示**
> 逻辑用语"且"经常用"而且""同时""既……，又……""既……，也……"等来代替。

【例1】 判断下列命题是真命题还是假命题。

（1）1 小时是 60 分钟。

（2）两条平行直线没有公共点。

（3）平行四边形的四条边相等。

（4）三角形的三条边相等。

解：命题（1）（2）均是真命题，命题（3）（4）均是假命题。

【例2】 将下列命题写成"p 且 q"形式的命题。

（1）p：李明报读高级技校，q：李明报读大专。

（2）p：零是整数，q：零是偶数。

解：（1）$p \wedge q$：李明报读高级技校，同时报读大专。

（2）$p \wedge q$：零既是整数，也是偶数。

【例3】 将下列命题写成"p 或 q"形式的命题。

（1）p：李明报读高级技校，q：李明报读大专。

（2）p：$2>1$，q：$2=1$。

解：（1）$p \vee q$：李明报读高级技校，或者报读大专。

（2）$p \vee q$：$2 \geq 1$。

【例4】 将下列命题写成"非 p"形式的命题，并判断其真假。

（1）p：$\sqrt{3}$ 是有理数。

（2）p：正方形的四条边相等。

（3）p：方程 $x^2-1=0$ 有实数根。

分析：因为一个命题所陈述的事情，要么是真，要么是假，不可能既真又假，也不可能不真不假。所以，只要正确判断原命题的真假，就不难得出它的否命题的真假。

解：（1）¬p：$\sqrt{3}$不是有理数。因为p为假命题，所以¬p为真命题。

（2）¬p：正方形的四条边不相等。因为p为真命题，所以¬p为假命题。

（3）¬p：方程$x^2-1=0$没有实数根。因为p为真命题，所以¬p为假命题。

实例解答

【例5】 解决"实例导入"中提出的问题。

解：在这6个语句中，（2）（4）（6）都是命题，其中命题（2）和（4）是真命题，（6）是假命题。而语句（1）是疑问句，因为没有涉及对事情的判断，所以它不是命题。语句（3）是感叹句，类似地，因为没有涉及对事情的判断，所以它不是命题。对于语句（5），采用特殊值法可知，如果x取2，则"x>1"是正确的，但如果x取0，则"x>1"是错误的，显然，对"x>1"不能唯一地作出判断，所以它不是命题。

拓展学习

电气班的同学们已经完成了电路设备的电气元件连接实验。请你用"且""或""非"的联结词将表示实验结果的命题补充完整。

实验1 在图6—2所示电路中，只有开关A、B同时闭合，灯泡D才亮。因此，灯泡D亮的条件是：开关A闭合＿＿＿开关B闭合。

实验2 在图6—3所示电路中，开关A、B中只要有一个闭合，灯泡D就亮。因此，灯泡D亮的条件是：开关A闭合＿＿＿开关B闭合。

实验3 在图6—4所示电路中，开关A断开时，灯泡D亮，开关A闭合时，灯泡D不亮。因此，灯泡D亮的条件是：开关A＿＿＿闭合。

> **提示**
>
> 实验1:"且",相应的电路叫与门电路;实验2:"或",相应的电路叫或门电路;实验3:"非"。

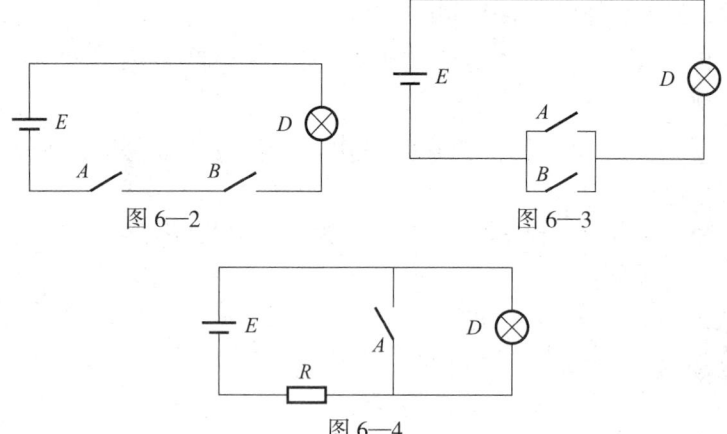

图 6—2　　　　　图 6—3

图 6—4

 **思考与体验**

1. 下列是命题的是（　　　）。

　A. 四边形　　　　　　　　B. 你休息了吗?

　C. 这边的风景多美啊!　　　D. 5 是整数。

2. 已知命题 p：明天刮风，q：明天下雨。试写出"p 且 q"形式的新命题。

3. 已知命题 p："2 是偶数"，试写出"非 p"形式的新命题。

第二讲　命题之间的关系

一、四种命题的关系

 **实例导入**

看看下面四个命题：

①小狗有四条腿；

②有四条腿的是小狗；

③不是小狗就没有四条腿；

④没有四条腿的不是小狗。

你能观察出这些命题之间的条件与结论、肯定与否定发生了怎样的结构变化吗？它们每两个命题之间又存在怎样的关系？本课中，我们将了解四种命题之间的关系。

 知识学习

原命题、逆命题、否命题、逆否命题

在两个命题中，如果第一个命题的条件是第二个命题的结论，且第一个命题的结论是第二个命题的条件，那么，这两个命题叫作**互逆的命题**；若把其中一个命题叫作原命题，则另一个叫作原命题的**逆命题**。

如果一个命题的条件和结论分别是另一个命题的条件的否定和结论的否定，那么，这样的两个命题叫作**互否命题**。若把其中一个命题叫作原命题，则另一个叫作原命题的**否命题**。

如果一个命题的条件和结论分别是另一个命题的结论的否定和条件的否定，那么，这样的两个命题叫作**互为逆否命题**。若把其中一个命题叫作原命题，则另一个叫作原命题的**逆否命题**。

 相关链接

"如果……，那么……"形式的命题

命题是由条件和结论两部分组成的。当已知一个命题，要求写出这个命题的否命题、逆命题和逆否命题时，如果这个命题的条件和结论是明显的，只要按原命题的逆命题、否命题和逆否命题的定义，就能很快写出另外三种命题。数学中有些命题是以简化的形式呈现，这些命题的条件和结论没有通过文字表述直接地反映出来。这时，我们就要将命题改写成"如果……，那么……"的形式，然后再按逆命题、否命题和逆否命题的定义，就能写出另外三种命题。例如：写出命题"两个全等三角形的面积相等"的逆命题、否命题

和逆否命题。

解：将原命题写成"如果……，那么……"的形式，得：

如果两个三角形全等，那么这两个三角形的面积相等。从而得原命题的逆命题：如果两个三角形的面积相等，那么这两个三角形全等。

原命题的否命题：如果两个三角形不全等，那么这两个三角形的面积不相等。

原命题的逆否命题：如果两个三角形的面积不相等，那么这两个三角形不全等。

【例1】 把下列命题改成"如果……，那么……"的形式，写出它们的逆命题、否命题和逆否命题，然后说明这些命题的真假。

（1）等腰三角形的两个底角相等。

（2）若 $a>b$，则 $a+c>b+c$。

> **提示**
> "若……，则……"形式的命题可以用"如果……，那么……"的形式代替，反之亦然。

解：（1）原命题改成：如果一个三角形是等腰三角形，那么这个三角形的两个底角相等。这是真命题。

逆命题：如果一个三角形有两个角相等，那么这个三角形是等腰三角形。这是真命题。

否命题：如果一个三角形有两条边不相等，那么这两边的对角也不相等。这是真命题。

逆否命题：如果一个三角形的两个底角不相等，那么这个三角形不是等腰三角形。这是真命题。

（2）原命题改成：如果 $a>b$，那么 $a+c>b+c$。这是真命题。

逆命题：如果 $a+c>b+c$，那么 $a>b$。这是真命题。

否命题：如果 $a\leq b$，那么 $a+c\leq b+c$。这是真命题。

逆否命题：如果 $a+c\leq b+c$，那么 $a\leq b$。这是真命题。

【例2】 将命题"面积相等的两个三角形全等"改写成"如果……，那么……"的形式，并写出它的逆命题、否命题和逆否命题，然后说明真假。

解：将原命题改写成：如果两个三角形的面积相等，那么这两个三角形全等。这是假命题。

逆命题：如果两个三角形全等，那么这两个三角形的面积相等。这是真命题。

否命题：如果两个三角形的面积不相等，那么这两个三角形不全等。这是真命题。

逆否命题：如果两个三角形不全等，那么这两个三角形的面积不相等。这是假命题。

 **实例解答**

【例 3】 解决"实例导入"中提出的问题。

解：命题①与命题②、命题③与命题④分别互为逆命题，命题①与命题④、命题②与命题③分别互为逆否命题。

进一步观察，还将发现：命题①与命题④同为真命题，命题②与命题③同为假命题。事实上，互为逆否命题的两个命题必定同真同假。

 **拓展学习**

例 3 回答了"实例导入"中提出的四个命题之间存在着怎样的关系，如图 6—5 所示。

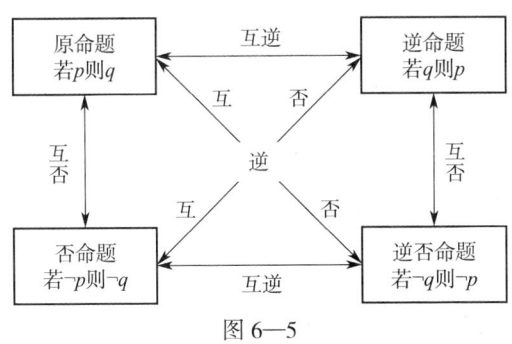

图 6—5

同学们：如果把"实例导入"中的命题②作为原命题，请动笔写出原命题的另外三种命题，观察四种命题中的任意两个是不是有以上关系？原命题和它的逆否命题是不是同真同假？

 **思考与体验**

1. 把下列命题改成"如果 p，那么 q"的形式。

（1）对顶角相等。

（2）若 $a>b$，$c>0$，则 $ac>bc$。

2. 写出命题"等边三角形的三个内角相等"的逆命题，并判断其真假。

3. 写出命题"全等三角形一定是相似三角形"的否命题，并判断其真假。

二、充分条件、必要条件和充要条件

 **实例导入**

你去过越秀公园吗？越秀公园坐落在广州市越秀区。如果你去过越秀公园，那么，你去过广州是毫无疑问的了，反之，如果你去过广州，不能说你一定去过越秀公园，那么，在逻辑思维方面，去过广州与去过越秀公园存在着怎样的关系，我们可以用什么数学概念来表示这种逻辑关系呢？学习了这一课，我们就知道了。

图 6—6

知识学习

我们知道,"若 p 则 q"形式的命题,有真命题和假命题。在本节开头的"实例导入"中:"如果你去过越秀公园,那么你去过广州"是真命题,但"如果你去过广州,那么你去过越秀公园"则是假命题。

"若 p 则 q"为真,是指由条件 p 经过推理可以得出结论 q,也就是说:

如果 p 成立,那么 q 一定成立;用数学符号可表示为:$p \Rightarrow q$,这时,我们说 p 是 q 成立的**充分条件**,q 是 p 成立的**必要条件**。

如果由 p 不能推出 q,则用数学符号可表示为 $p \not\Rightarrow q$,这时,我们就说 p 是 q 的不充分条件。

如果有 $p \Rightarrow q$,同时有 $q \Rightarrow p$,就记作 $p \Leftrightarrow q$,那么,我们就说 p 是 q 成立的**充分必要条件**,简称**充要条件**。

例如:梯形的两腰相等 $\Rightarrow$ 梯形的两底角相等,同时,梯形的两个底角相等 $\Rightarrow$ 梯形的两条腰相等;这时我们说,梯形的两腰相等是梯形的两个底角相等的充要条件。

概括地,若 $p \Rightarrow q$,但 $q \not\Rightarrow p$,则称 p 是 q 成立的充分不必要条件。

若 $p \not\Rightarrow q$,但 $q \Rightarrow p$,则称 p 是 q 成立的必要不充分条件。

若 $p \Rightarrow q$,且 $q \Rightarrow p$,即 $p \Leftrightarrow q$,则称 p 是 q 成立的充要条件,或 q 是 p 成立的充要条件。

> **提示**
> 符号"$\Rightarrow$"读作"推出",表示有左边的条件能得出右边的结论。符号"$\Leftrightarrow$"读作"等价于",表示左边的条件能得出右边的结论,同时,将右边作为条件,一样能得出左边的结论。

【例1】 指出下列各组命题中,p 是 q 的什么条件(在"充分条件""必要条件""充要条件""既不充分也不必要条件"中选择)。

(1)p:平行四边形,q:两组对边分别平行的四边形。

(2)p:$a \cdot b = 0$,q:$a = 0$。

(3)p:$\alpha = 30°$,q:$\sin\alpha = \dfrac{1}{2}$。

解:(1)因为平行四边形 $\Rightarrow$ 四边形的两组对边分别平行,有两组对边分别平行的四边形 $\Rightarrow$ 平行四边形。所以 p 是 q 的充要条件。

(2)因为 $a = 0 \Rightarrow a \cdot b = 0$;但当 $a \cdot b = 0$ 成立时,不一定有 $a = 0$。

> **想一想**
> 已知:p 为平行四边形,q 为两组对角分别相等的四边形,则 p 是 q 成立的什么条件?
> (充要条件)

所以 p 是 q 的必要不充分条件。

（3）因为 $\alpha=30° \Rightarrow \sin\alpha=\frac{1}{2}$；而当 $\sin\alpha=\frac{1}{2}$ 时，不一定有 $\alpha=30°$。
所以 p 是 q 的充分不必要条件。

【例2】 p 是 q 的充分条件，且 r 是 q 的必要条件，那么，p 是 r 的什么条件？

解： 由题意知 $p \Rightarrow q$，且 $q \Rightarrow r$，所以 $p \Rightarrow r$，即 p 是 r 的充分条件。

 **实例解答**

【例3】 解决"实例导入"中提出的问题。

解： 你去过越秀公园 $\Rightarrow$ 你去过广州；但是，你去过广州，不一定去过越秀公园。所以去过广州与去过越秀公园的关系用数学中的充要条件概念表述为：你去过越秀公园是去过广州的充分不必要条件，而你去过广州是去过越秀公园的必要不充分条件。

 **拓展学习**

在某大型企业公司招聘新员工时，人事主管对李强说："只要你来我们公司实习，公司就接收你。"而人事主管对张虹则说："你只有来公司实习，我们公司才有可能接收你。"人事主管对李强所说的意思是：李强如果来公司实习，就一定能来公司工作。因此，来公司实习，是李强进入公司工作的充分条件。但人事主管对张虹所说的话实际上并没有保证张虹到公司工作的机会，但是，如果张虹不来本公司实习的话，就没有可能进入公司工作了。因此，张虹来本公司实习，是他进入公司工作的必要条件。

 **思考与体验**

1. 从 "$\Rightarrow$" "$\Leftarrow$" "$\Leftrightarrow$" 中选择符号填空。

（1）$ac^2>bc^2$ ＿＿＿＿＿＿ $a>b$。

（2） $x^2-1=0$ _____ $x=1$。

（3） $a=b$ _____ $a+m=b+m$。

2. 判断下列命题的真假。

（1） $a>b$ 是 $a+m>b+m$ 的充要条件。（   ）

（2） $x<2$ 是 $x<4$ 的必要条件。（   ）

（3） $a\in \mathbf{Q}$ 是 $a\in \mathbf{R}$ 的充分条件。（   ）

3. 已知 A：$a^2-2ab+b^2=0$，B：$a=b$，则 A 是 B 成立的（   ）。

A. 充分条件 　　　　　　　　B. 必要条件

C. 充要条件 　　　　　　　　D. 既不充分也不必要条件

附录1：参考答案

第一章 方程、不等式

第一讲 一元一次方程和一元一次不等式

思考与体验

1. C 　　2. $x>3$　　3. $x>1$　　4. $x>3$

第二讲 一元二次方程和简单的二元一次方程组

一、一元二次方程

思考与体验

1. D　　2. $x=3$ 或 $x=-3$　　3. $x=-2$ 或 $x=\dfrac{5}{3}$

二、简单的二元一次方程组

思考与体验

1. $a=\dfrac{1}{4}$　　2. B　　3. 方程组有无数组解

第二章 集合与函数

第一讲 集合

一、集合的概念

思考与体验

1. A　　2.（1）$\in$；（2）$\in$；（3）$\notin$；（4）$\notin$

3. {造纸术，印刷术，指南针，火药}

二、集合的运算

思考与体验

1. ∅，{2016级高速公路运营班全体同学}　　2. C　　3. A

第二讲　函数

一、函数的概念

思考与体验

1. $f(0)=2$，$f(1)=5$，$f(-1)=-1$，$f(a)=3a+2$　　2. B

3. 略

二、函数的基本性质

思考与体验

1. 增函数　　2.（1）是；（2）不是　　3.（1）是；（2）不是

第三章　三角函数及其应用

第一讲　角的概念的推广和弧度制

一、角的概念的推广

思考与体验

1. B　　2.（1）第一象限角；（2）第二象限角；（3）第三象限角；（4）轴线角，角的终边落在 y 轴的负半轴上；（5）轴线角，角的终边落在 x 轴的负半轴上　　3. -120°

二、弧度制

思考与体验

1.（1）$\dfrac{\pi}{12}$；（2）$-\dfrac{\pi}{12}$；（3）$\dfrac{3\pi}{4}$；（4）$\dfrac{4\pi}{3}$　　2.（1）105°；（2）300°；（3）-45°；（4）$\left(\dfrac{360}{\pi}\right)°$　　3. π

第二讲　任意角三角函数

一、任意角三角函数的定义及符号

思考与体验

1. $\sin\alpha=-\dfrac{12}{13}$，$\cos\alpha=-\dfrac{5}{13}$，$\tan\alpha=\dfrac{12}{5}$　　2.（1）$\dfrac{1}{2}$；（2）$-\dfrac{1}{2}$；（3）1　　3.（1）正；（2）负；（3）正

二、同角三角函数的基本关系

思考与体验

1. $\sin\alpha=-\dfrac{4}{5}$，$\tan\alpha=\dfrac{4}{3}$　　2. B　　3. $\cos\alpha=-\dfrac{3}{5}$，$\tan\alpha=-\dfrac{4}{3}$

三、正弦函数 $y=\sin x$ 的图像和性质

思考与体验

1.（1）√；（2）×；（3）√　　2. <　　3. $\left(\dfrac{\pi}{2}, 1\right)$，$\left(\dfrac{3\pi}{2}, -1\right)$

第三讲　解三角形

一、解直角三角形

思考与体验

1. 13，$\dfrac{5}{13}$　　2. $\angle B=45°$，$a=\sqrt{2}$，$c=2$　　3. B

二、解任意三角形

思考与体验

1. $a=2\sqrt{6}$，$b=3\sqrt{2}+\sqrt{6}$，$\angle C=60°$　　2. 40.9　　3. 60°

第四章　直线和圆的方程

第一讲　直线的方程

一、直线的倾斜角、斜率

思考与体验

1. $-\sqrt{3}$　　2. -3，钝角　　3. 3，$45°<\alpha<90°$

二、直线方程的几种形式

思考与体验

1. 平行　　2. A　　3. 点斜式方程：$y-(-2)=-\frac{1}{2}(x-3)$，斜截式方程：$y=-\frac{1}{2}x-\frac{1}{2}$，一般式方程：$x+2y+1=0$

三、两条直线的交点

思考与体验

1. 相交，交点坐标（2，3）　　2. 平行，斜率 $k=2$　　3. 互相垂直，垂足 $\left(\frac{1}{5},\frac{3}{5}\right)$

第二讲　圆的标准方程

思考与体验

1. D　　2. $x^2+(y-2)^2=5$　　3. 点 A 在圆上

第五章　数列

第一讲　数列的概念

思考与体验

1. B　　2. D　　3. 2 062

第二讲　等差数列和等比数列

一、等差数列的通项公式及前 n 项和公式

思考与体验

1. A　　2. B　　3. A

二、等比数列的通项公式及前 n 项和公式

思考与体验

1. B　　2. C　　3. C

第六章　简易逻辑

第一讲　命题和逻辑联结词

一、命题和二、逻辑联结词

思考与体验

1. D　　2. 明天刮风且下雨。　　3. 2 不是偶数。

第二讲　命题之间的关系

一、四种命题的关系

思考与体验

1.（1）如果两个角是对顶角，那么这两个角相等；（2）如果 $a>b$，$c>0$，那么 $ac>bc$

2. 三个内角都相等的三角形是等边三角形，是真命题。

3. 不全等的三角形不相似，是假命题。

二、充分条件、必要条件和充要条件

思考与体验

1.（1）$\Rightarrow$；（2）$\Leftarrow$；（3）$\Leftrightarrow$　　2.（1）真；（2）假；（3）真
3. C

附录2：常见单位换算及公式

一、常见长度计量单位及换算

1 千米（km）=1 000 米（m）

1 米（m）=10 分米（dm）

1 分米（dm）=10 厘米（cm）

1 厘米（cm）=10 毫米（mm）

1 毫米（mm）=1 000 微米（μm）

1 微米（μm）=1 000 纳米（nm）

二、长方形、正方形、三角形、平行四边形、梯形面积公式

长方形面积公式：$S=ab$（见图1）

正方形面积公式：$S=a^2$（见图2）

三角形面积公式：$S=\frac{1}{2}ah$（见图3）

平行四边形面积公式：$S=ah$（见图4）

梯形面积公式：$S=\frac{1}{2}(a+b)h$（见图5）

三、圆、扇形面积公式

圆的面积公式：$S=\pi r^2$（见图6）

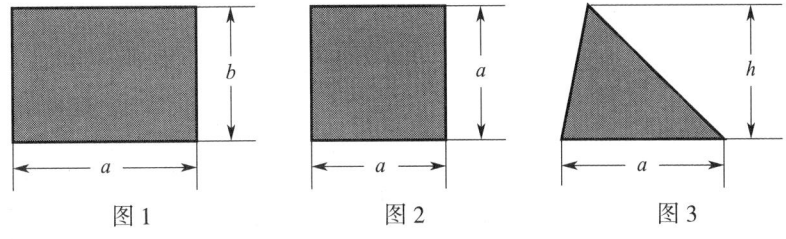

图1　　　　　图2　　　　　图3

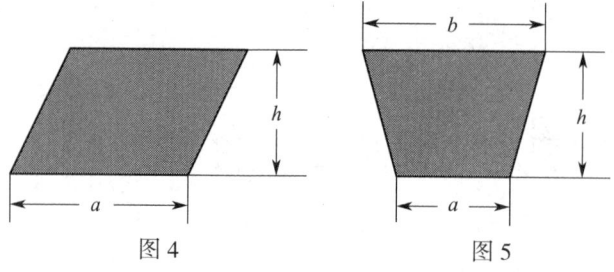

图 4　　　　　　　　图 5

扇形面积公式：$S=\dfrac{n}{360}\pi r^2$（n 为角度数）（见图 7）

（或 $S=\dfrac{1}{2}lr=\dfrac{1}{2}|\alpha|r^2$，其中 α 为弧度数）

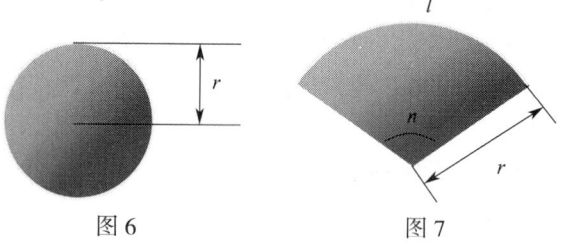

图 6　　　　　　　　图 7

四、长方体、正方体的体积及表面积公式

长方体体积公式：$V=abc$

表面积公式：$S=2(ab+ac+bc)$（见图 8）

正方体体积公式：$V=a^3$

表面积公式：$S=6a^2$（见图 9）

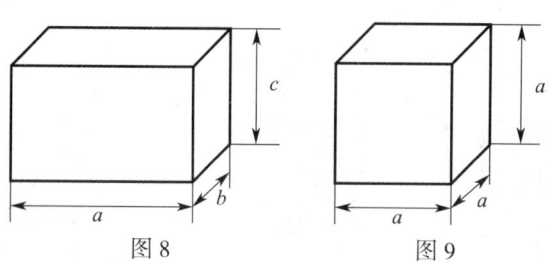

图 8　　　　　　　　图 9

五、圆柱、圆锥、球的体积及表面积公式

圆柱的体积公式：$V=Sh=\pi r^2 h$

圆柱的表面积公式：$S=2\pi r(h+r)$（见图10）

圆锥的体积公式：$V=\dfrac{1}{3}Sh=\dfrac{1}{3}\pi r^2 h$

圆锥的表面积公式：$S=\pi r(l+r)$（见图11）

球的体积公式：$V=\dfrac{4}{3}\pi R^3$

球的表面积公式：$S=4\pi R^2$（见图12）

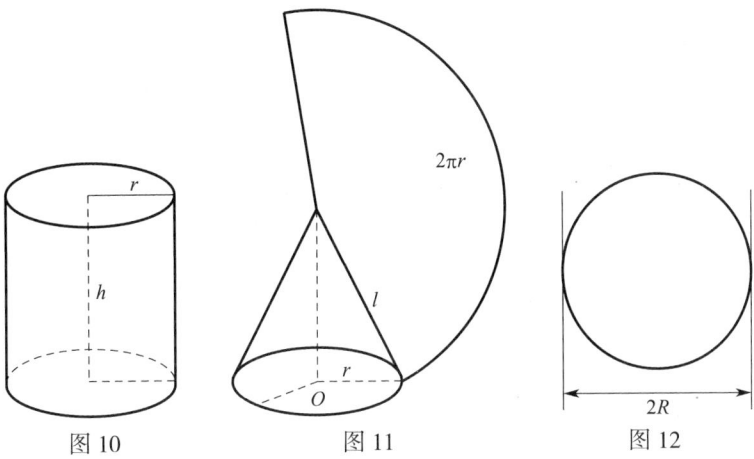

图10　　　　图11　　　　图12